欲望纵横谈

Yuwang Zonghengtan

林汉章 ○ 著

中山大学出版社
SUN YAT-SEN UNIVERSITY PRESS

· 广 州 ·

版权所有　翻印必究

图书在版编目（CIP）数据

欲望纵横谈／林汉章著.—广州：中山大学出版社，2015.11
ISBN 978-7-306-05457-9

Ⅰ.①欲… Ⅱ.①林… Ⅲ.①人生哲学—通俗读物 Ⅳ.①B821-49

中国版本图书馆 CIP 数据核字（2015）第 226788 号

出 版 人：徐　劲
策划编辑：丁　俭
责任编辑：丁　俭
封面设计：林绵华
责任校对：陈　芳
责任技编：黄少伟
出版发行：中山大学出版社
经　　销：全国新华书店
电　　话：编辑部 020-84111996，84111997，84113349，84110779
　　　　　发行部 020-84111998，84111981，84111160
地　　址：广州市新港西路 135 号
邮　　编：510275　传　真：020-84036565
网　　址：http://www.zsup.com.cn　E-mail：zdcbs@mail.sysu.edu.cn
印 刷 者：虎彩印艺股份有限公司
规　　格：787mm×1092mm　1/16　16.25 印张　238 千字
版次印次：2015 年 11 月第 1 版　2017 年 3 月第 2 次印刷
定　　价：38.00 元

如发现本书因印装质量影响阅读，请与出版社发行部联系调换

内容简介

本书以欲望、欲商为主题,对人性中欲望的大体内容和结构、主要类型与特点、产生及实施的一般过程,还有实施中的一些品性特征等进行了较为详细的分析。同时,对欲望在人们日常活动中的一些常见特色,欲望与情感、理性的关系,欲商的基本意义及其魅力影响等,也做了较为认真的阐述。全书恳切地寄愿于社会各界,要以实事求是的态度对待人性中的欲望,以科学的方法认识、理解、善化和驾驭欲望,重视"欲商"和"理商"在整个人文素养中的作用与潜力,从而让欲望在人类物质文明和精神文明的建设中尽可能地成为正能量,尽可能发挥更大、更积极的作用。

前　言

　　古希腊大哲学家柏拉图和我国宋朝伦理学家朱熹、清朝哲学家戴震等都曾把欲望、情感、理性定为人性中的三大要素。受他们的影响，笔者认为，欲望不但是人性中的三大要素之一，而且是人性中最原始、最关键、最具潜力的部分。人类社会中的所有文明都来源于人的欲望在情感和理性的帮助与引导下，不断地投入实施并持续地创造物质和精神财富这么一个具体过程。这就像自然界的水能通过土地和光合作用的存在与配合而滋生万物那样。当然，也像大自然的水在泛滥时难免会给生物造成灾害那样，人们欲望的放肆总免不了损伤自己、危害他人，甚至破坏整个周边世界的安宁。

　　在人类社会中，欲望历来就是我有、你有、大家有，或称此有、彼有、到处有的东西。即使名词也强调感情色彩，"欲望"也应该是个中性词。然而，有点遗憾的是，从进入封建社会起，我们中华民族就有人把欲望的含义偏向于男女私事或行为类似于狼贪虎视的意思上。这导致两千多年来中国社会有很多人不敢公开或总是"糊涂"地面对人性中的欲望。不敢，一是怕妨碍自身利益，二是怕冒犯他人权威；"糊涂"，要么主观上情感意识太重，要么客观上理性氛围欠佳。

　　处在国内改革开放不断深入、国际形势变幻莫测的新时代，每一位中华儿女都应该以实事求是的态度分析和理解人性，尤其是人性中的欲望。大家都要用科学发展观审视人类社会中的一切现象，不断强化民主和法制意识。这样，才会有利于形成实现民族伟大复兴的良好格局，才能更方便广大群众为祖国的富强、世界的和谐贡献自己的力量。

　　人性中的欲望是个大范围、多层面的问题。本书所阐述的关于欲望的内容结构、基本类型、大体属性、主要特色、演进过程、驾驭原理，以及欲望与情感、理性的关系，还有希望对"欲商"、"理商"引起重视等方面的内容，可能仅仅是人类欲望大世界中的一些直觉性影子或侧面形象。这也好像是"不识庐山真面目，只缘身在此山中"吧！

　　研究学问不是件容易的事。写书的过程让笔者真正认识到自己在知识和学问上的贫乏及渺小，深刻体会到自己在探寻科学真理道路上的单纯与少力。但是，作为一个对实现民族复兴怀有"野人献曝"之诚的中国公民，笔者在初步理解民族的复兴肯定会与人们怎样认识生活、如何分析社会等情况密切相关，而怎样理解人性，特别是怎样认识与对待人性中的欲望又是认识生活与分析社会最为关键性的问题的同时，还是满腔热情地向祖国、向人民、向全社会阐述自己对人性中欲望的看法，强调"欲商"、"理商"在整体人文素养中的作用与潜力。我希望自己的看法能给读者在探讨、善化和驾驭欲望，让欲望尽可能发挥正能量等方面起些抛砖引玉的作用。

目　　录

第一章　剖析欲望的内容结构 ·············· 001

　　第一节　生活中的五种欲望 ·············· 002
　　第二节　用"五行原理"阐述结构 ·············· 013

第二章　欲望在实施中的基本类型 ·············· 019

　　第一节　类型的划分 ·············· 019
　　第二节　各类型欲望之间的差异与共性 ·············· 027

第三章　欲望形成的过程与一般实施步骤 ·············· 035

　　第一节　欲望的产生 ·············· 035
　　第二节　欲望的实施 ·············· 040

第四章　欲望的基本属性 ·············· 048

　　第一节　欲望的先天性与后天性 ·············· 048
　　第二节　欲望的自我性与社会性 ·············· 050
　　第三节　欲望的连锁性与惯性 ·············· 052
　　第四节　欲望的满足性与胀缩性 ·············· 055
　　第五节　欲望的排他性与妥协性 ·············· 058
　　第六节　欲望的置换性与超越性 ·············· 061

第五章　欲望的空间理念 ·············· 067

　　第一节　空间理念的主要特点 ·············· 067
　　第二节　历史与现实中的一些启示 ·············· 074

第三节	构建欲望空间的基本方法	081

第六章　欲望·情感·理性　084

第一节	概念阐述	084
第二节	源头初探	086
第三节	区别欲望与情感	088
第四节	不以情感代替理性	094
第五节	三者在关系上的隔阂与协调	096
第六节	各自的功用侧重和特色体现	099

第七章　诱导与管制　105

第一节	儒家文化——欲望的劝勉术	105
第二节	佛文化——欲望的超俗术	113
第三节	道德——欲望的牧童	120
第四节	法律——欲望的堤坝	126

第八章　人类欲望演进的概况　131

第一节	原始社会欲望上的单纯粗朴与挑战环境	131
第二节	奴隶社会欲望上的压抑束缚与向往平等	135
第三节	封建社会欲望上的专制盘剥与角色转换	139
第四节	资本主义社会欲望上的贪婪倾轧与追求解放	143
第五节	社会主义社会欲望上的公正和谐与弘扬文明	148

第九章　欲望在运作中的常见特点　153

第一节	对生活的幻化	153
第二节	人才造就上有奇效	155
第三节	具有层次性	157
第四节	方方面面的"相对论"	159
第五节	天理就在人的欲望中	161

第六节　先欲者难达　首事者不成 …………………… 164

　　第七节　实施态度上的不同 …………………………… 166

　　第八节　总有难以掩饰的至痛 ………………………… 170

　　第九节　欲望似水 ……………………………………… 173

第十章　有必要认识欲商 ……………………………………… 176

　　第一节　给欲商下个定义 ……………………………… 176

　　第二节　欲商与智商、情商的比较及相互关系 ……… 178

　　第三节　欲商的灵魂——理商 ………………………… 182

　　第四节　欲商的本质 …………………………………… 185

第十一章　颇具魅力的欲商投入 ……………………………… 192

　　第一节　忍欲者祥 ……………………………………… 192

　　第二节　慎欲者良 ……………………………………… 198

　　第三节　载欲者富 ……………………………………… 205

　　第四节　治欲者强 ……………………………………… 212

　　第五节　健欲者达 ……………………………………… 220

　　第六节　合欲者香 ……………………………………… 225

第十二章　提高中华民族欲商的当务之急 …………………… 235

　　第一节　正视国耻　反省自我 ………………………… 235

　　第二节　借鉴历史　厉行法治 ………………………… 239

　　第三节　清除弊端　振兴教育 ………………………… 244

参考文献 ………………………………………………………… 248

第一章　剖析欲望的内容结构

生活中一谈到人的欲望，许多人便会很自然地想到马斯洛关于人的需要理论。马斯洛在《人类动机的理论》中把人的需要分为生理需要、安全需要、社会需要、尊重需要、自我实现需要五个层次。他强调人的需要理论的构成是根据三个基本假设：人要生存，他的需要能够影响他的行为，只有未满足的需要才能够影响行为，满足了的需要则不能再充当激励工具；人的需要按重要性和层次性排成一定次序，从基本的（如饮食居住）到复杂的（如自我实现）；在某一级的需要得到最低限度的满足后，人才会追求更高一级的需要，如此逐级上升，从而成为继续进取的动力。

人的欲望与人的需要是两个不同的概念。人的欲望是指人想得到某种东西或想达到某种目的要求。人的需要是指人对其生存和发展的客观条件的依赖和需求。欲望和需要都是人们活动的一般前提，都属于客观刺激引起的肌肉和腺体的反应，但它们的本质区别在于：欲望是人性中的一种存在，是以人的生理特征以及心理意识、情感等不确定因素为基础的；需要是人生命中的某种依赖，是以内部需求与外部存在的准对应为基础的。或者可以说，人的需要虽然也含有对事物的欲求，但其核心意义是指欲望或要求中应该有或必须有的部分。也可以说，人的需要包含在欲望之中，它具有普遍特征：无论从主观上还是从客观上讲都能得到欲望、情感和理性的共同认可，容易被人理解和接受，一般不会与社会道德相违背，更不会与法律法规相抵触。而欲望的内涵远远大于需要，比需要粗野得多、复杂得多。基于对概念的初步确定，笔者认为应该先对人的欲望的主要内容及其内部结构做出分析。

第一节　生活中的五种欲望

与人的需要相比较，人的欲望更具有内容的多面性和复杂性。例如，从起源方面可分为物质欲望、精神欲望；从主体特征上可分为个体欲望、集团欲望、阶级欲望、民族欲望和全人类欲望；从人的生活意义方面可分为生存欲望、获取欲望、享受欲望、表现欲望和发展欲望（或称意境欲望）；从欲望的性质方面可分为生活欲望、劳动欲望、求知欲望、交往欲望、休息欲望。笔者认为在这众多的分类中，选择对大众生活意义方面的一类进行讨论，会更有利于对欲望的内容和结构进行了解。下面对人们的生存、获取、享受、表现、发展五个方面的欲望内容做层面式的阐述。

一、生存的欲望

"万物都是秉气而生、聚气而成，人是万物之灵，当然更不例外。"这是中国传统文化中的一种观点，我觉得这种朴素的唯物主义观点对我们讨论人性中的欲望很有启发。

大家都不会否认，就人而言，之所以能成其形、具其神，无非是因为有父母双方酿造生命之气的汇合。这种汇合就确定着人的"受气而成"。接着，人生下来的第一个欲望——生理的自然，就是呼吸，就是要得到氧气。这便是实实在在的"秉气而生"。然后，从拥有生命的稳定开始，实实在在的生活便逐步决定着人们欲望的全部内容。例如，人要生存就得解饥消渴，就必须拥有相应的空间和多种物质上的保障……随着身体的成长，特别是智力的不断发育和成熟，人在生存中有了起码的物质保障之后，进一步的欲望就是要有安全感。安全感包括生命不受威胁、身体健康不受损害、物质权益不受侵犯、人格尊严不受侮辱，等等。

继有了生存物质保障和安全感之后，人们要追求的便是生存背景的如意。所谓生存背景，一般包括三个方面，即自然背景、亲情背景和社会背景。说得具体一点就是，人都会尽可能选择好的地理环境和社会环境去生活，尽可能与自己关系密切的人一起生活。

对生存背景的追求是人的生存欲望的集中表现。它以生存中的物质条件和安全感为基础，进一步为满足生存的舒适欲而活动。这种活动的展开，不管是行为者基于生存中的物质提供和安全感方面的满足，还是迫于生存中物质保障和安全感方面的残缺意识，都会大大地激发行为者为新的欲望实施和满足而更具热情。这种活动还会像一把利剑一样，斩断那些把欲望拴在只为单纯生存而忙碌之柱子上的绳索，让欲望开始闯入千姿百态、诱惑万端的新世界。

个体、团体及与之相关的国家和社会就其生存欲望的特征而言，只有范围大小的差异，没有本质好坏的区别。从国家来讲，民众之所以承认自己的国家，最根本的愿望就是想通过国家的政策法令、组织机构等来保证自己拥有谋生的环境，拥有生活的安全感，进而还能让自己对生存的背景有选择或改善的自由。相对而言，统治者以稳定和扩大自己的利益为前提，也总借着国家的名义策动国民为夯实生存基础、拓宽生存空间、优化生存背景而不断打拼，特殊时期这种打拼甚至包括对外侵略等一系列行为。

二、获取的欲望

追求生活的舒适和快乐这是人性最普遍又最恒久的律动。只不过，享受舒适和快乐是要有前提的。舒适和快乐不仅要有相应的物质基础，还要有足以作用于心灵的精神驱动力，同时生活平台的得体以及时间和空间上的协调都直接决定人的舒适感和快乐感的质量和分量，所以，人要得到舒适和快乐首先要考虑的问题就是取得保证舒适和快乐的一些基本条件。生活的实践常常提醒人们，如果想得到舒适与快乐，那就要重视健康和财富、自由和安全（主要指获取中的人身及活动两方面的安全）、知识和能力、稳定和发展这四个方面的获取。

人的健康有赖于先天遗传基因的优秀，也取决于后天的锻炼和修养。从古至今，人类重视健康的意识就特别强。传说中唐朝李世民手下大将薛仁贵，自称除了皇命国令之外他什么都不怕，但一旦有人在他手心上写个"病"字，然后问他怕不怕时，他不得不恐慌地低头叹服:"病实在太可怕了!"

有人说,人的幸福与健康的关系就好比庄稼与土壤的关系。没有土壤,庄稼便不可能成活;没有健康,人便无所谓幸福。这是个很贴切的比喻。

健康包括身体健康和心理健康。如果把身体不健康的人比作空了心的烂树木,那么一个心理不健康的人就像是一口蓄着死水的池塘。它不但不能体现正常水塘养育相关动植物的价值,反而会有困死相关动植物的危险。所以,生命价值观强的人都把心理健康和身体健康看得同等重要,而且当身体健康受到威胁时,还可能会把心理健康摆在首位。

怎样才能保证自己的身心健康?这看似简单的话题,行动起来却是很复杂的。人整个一生中的生活环境、行为实践、得失利弊无一不与身心健康密切相关。因为健康的未知性太强,所以很多人很多时候习惯于把身心健康与否归之于命运。其实,除偶然的变故之外,那种把自己的身心健康归之于命运的观念,是一种对自我行为散漫和心态失衡的无奈。笔者认为,从必然的角度来看,欲望的纯正、情感的温厚、理性的恒稳是保证人们享有身心健康的三个重要因素。

人在对财富的追求和获取中所表现出来的行为,基本上是可以一目了然的。"天下熙熙皆为利来,天下攘攘皆为利往"、"人为财死,鸟为食亡",古人早已把世人皆为利益而全力以赴的情形刻画得入木三分。

假若世人都只在劳动中获取财富并且无争无斗,那世界上的一切事情都好理解。可事实不是这样的,因为人们欲望的深浅不同、大小各异,特别是人们实施欲望的行为强弱有别、巧拙不一,所以,在满足获取之欲的过程中有很多因果总令当事人和旁观者感到变化万端、捉摸不透。

无论处于何种社会形态之中,安全都是相对的。在生产资料私有制的社会里,人们在追求有形财富的实践中深刻认识到对权力和地位的拥有既是获取财富的最佳途径,又是在社会上追求"自由"和

"安全"的最有效的方式。于是，对权力和地位的谋求成了很多人最炽热的行为，其情形之万端贯来为世人惊叹不已。特别是在阶级社会中，统治阶级内部对权力和地位的强夺与巧取常常令人眼花缭乱、胆战心惊。在封建社会里，争权夺利之事罄竹难书，皇宫内斗更是血迹斑斑。皇宫尚且无安全可言，何况百姓呢？

在某一社会形态中，如果物质文明和精神文明的魅力还远远达不到给大众带来快乐的时候，那么在很多人看来，权力因能驾驭他人、团队乃至社会而可以不断获得多方面利益。

无论是哪一个国家，只有建立适合本国生存和发展的民主和法制，让体制的主心骨为民谋利，人们才能真正享受到自由、安全的快乐。

健康和财富，在欲望的满足中都占有非常重要的位置。可是，即便是在物质条件较好、民主和法制建设日益进步的新时代，人们要获得它都不是轻而易举的事。因此，在为"获取"而投入的无休无止的竞争中、体验中，人们会不断地认识到，要让自己得到更多、更如意的收获，就需要有多方面的能力。譬如，就主观因素而言，单凭强健的体魄还远远不够。要成为竞争中的强者，还必须让自己成为知识或技能等方面的强者。

勤实践、细琢磨、重交流、多求知都是人们获取知识和能力过程中很重要的态度与作为。自古至今，凡是在上述几个方面做得好的个人、团体，从社会上获得的利益就比较多，生存和发展的条件就更好。

"美德即知识"，这是苏格拉底的一个命题。我们应当承认，通过上述的一些渠道，特别是通过振兴科学和教育事业，人们的欲望会得到不同程度的洗礼；实施欲望的行为也会不断地受到情感，特别是理性的制约、启发和指引。试想，如果科学知识与技术能力对人们欲望的塑造和满足毫无用处的话，那么人类最大的愿望就可能只会止步于原始状态。

欲望是个无底洞。世上无论个体还是团队，也无论是某一个国家还是全社会，都不可能恒久地保持在某一种欲望的满足状态之中。即使是某一些欲望的满足感能久远一点，也会有新的诱惑或压力令怀有这种满足感的人重新加入为新的欲望的满足而急起直追的行列。所以，人在自己的欲望得到某种满足时就会自然而然地在新的条件下产生新的欲望。

已经获有某种欲望满足感的人和正在追求某种欲望满足感的人都不愿意外界因素对自己的获得和准获得产生干扰与破坏。他们需要发展，他们更需要稳定。不管哪一个团队、哪一个国家或社会，只有那些把人压迫得连最基本的欲望也无从满足甚至连人格都受到贬损、生命都受到威胁的做法，才是动乱的根源。因此，作为某一团队、国家和社会的管理者，既有责任为其民众提供稳定的秩序和良好的发展前景，又有义务对内对外用情感和理性规范人们的欲望，用制度和法律控制人们的邪欲，用整体实力制裁人们的恶欲及其恶果。只有这样，才能让强者与弱者在竞争中不发生过激的冲突，才能让大家对稳定和发展寄有希望，才能为创造和谐社会奠定基础。

三、享受的欲望

俗语云：蚂蚁走忙忙，存食备饥荒；老鼠步匆匆，储粮为过冬。而人如果在生存有了保障的前提下还是那样拼命地获取，很大程度上就是为了得到享受。一般来说，世界上与享受毫无缘分或对享受毫无希望的人生，很难让人承受。人性最大的共同点就是追求生命的快乐。快乐的产生渠道则是多种多样的，有物质的，也有精神的，但物质的获得却是最基本的。

通常世人会把生命的快乐看成是感官的舒服、生活的自由、处事的如意、业绩的辉煌、声誉的美好、价值的称心、前景的光明等多个方面的感受，其中人生终结性的身心愉悦、精神乐观更为人们所向往。我们认为，不管人们对快乐的内容和意义如何领会，有一点是大家都会认可的，那就是快乐的前提是物质的获得。物质是快乐的酵母，是快乐的土壤和阳光雨露。

享受可分为物质享受和精神享受。物质享受是要通过人的感觉认可的，而人的感觉是通过眼、耳、鼻、舌、身、意来实现的，前五种感官负责对外部世界的第一印象，后者通过大脑来分辨、鉴别外部世界的真假、美丑与善恶。

也许有人会指出，人的意觉不属于人的感官类。因此必须解释一下，这里我们之所以把人的意觉归之感官类，并不是把意觉和意境混为一体，而是把意觉定性为某一感官或多个感官进入状态时的心理现象。

六种感官享受既可单一化，又可联合化，还可综合化。

所谓单一化，就是某一种感官与"意"的结合所带来的结果。例如，于大自然中观看某一风景时，在没有产生任何联想之前，这种观赏就只属于视觉的享受。所谓联合化，就是指同一种事物能令接触者获得两种或两种以上的享受结果。比如某种食品既香气扑鼻，又味道可口；某种音乐既令人听觉舒畅，又令人情趣勃发。所谓综合化，就是说某种事物能给接触者与体味者以多种或全部感官上的享受。比如适量喝酒能给人带来多种快乐——既可舒筋活血、解除疲劳，又可振奋精神、意气风发，清脆的碰杯声也能给听觉带来愉悦。

植物中往往有的花朵不结果，而人的感官则样样有其用。其实人的感官的所用就是受大脑支配之所欲。

曾有人问：买车、造房，追求锦衣玉食，这属于什么类别的享受？笔者认为，如果从车可代步免劳、房可休息安居、衣可暖身护体、食可活命养生的角度看，这四种都属于物质享受；若从"车耀地位房代财、衣显尊贵食示富"的角度讲，上述四种则可谓是虚荣心的满足。能够称得上精神享受的，应该是一种透过物质的意境升华。例如，在上述物质方面的享受欲望得到满足的同时，把买车看成是时代进步的一种体现，把造房看成是自我劳动价值的结晶，把衣着得体看成是一种文明的象征，把饮食看成是劳动的回报和大自然给自己的赏赐。可见，人的精神享受至少必须比物质享受多一个环节，这个环节就是享受中的自我体验的塑造。

不管怎样，凡懂得人类欲望基本特征和人类生命核心意义的人都会承认，人在物质上最基本的享受确实不能缺少，这样的享受也可以说是人类生存中最基本的需要。但是，人生最重要的享受应该是在拥有一定物质基础上的精神享受。精神享受是个十分玄妙的话题。不过，总有些特点是可以让人掌握的，如很多人都承认人生的精神享受具有阶段性特征。幼年时父母的抚爱，少年时好奇心的满足，青年时知识的增长、能力的提高、爱情的萌动、理想的放飞，壮年时事业的成功、家庭的和谐、友谊的纯洁、希望的美好，老年时周边的尊重、行动的方便、精神的乐观、生活的自由，暮年时回顾人生觉得无怨无悔，等等，这些都是撑起人生精神享受大厦的主要支柱。通过体验，这种看法应当是很多人都会认同的。

　　还有很多人通过直接或间接地对人生各种享受的体验，总结出在人的一生中被爱和被需要是精神享受的实质性内容，并认为人与人之间精神享受的差别就在于被爱和被需要的范围和程度上的差别。范围包括空间范围和时间范围，程度主要体现在情感和理性两个方面。这种体验也很实在。

　　同样是享受，超量的物质享受很容易导致人的慵懒、陈腐，甚至狂妄；而合理的精神享受多能让人进入一种处境平安、心态祥和、言谈优雅、举止文明的理性化境界。或者说，物质享受虽然是精神享受的基础，但是，如果过分追求物质享受，那不仅会给他人和社会造成危害，而且很难让自己兼有精神世界中的享受。一味追求物质享受的人很难获得他人和社会对自己的认可与爱戴。与之截然不同的是，精神享受虽然是以物质保障为基础，但只要不违背客观规律，不陷入谬误，其内容越丰富、层次越高档则越能让人的生活目标得以闪亮、生活热情得到提高、生活境界得到升华、生活意义得到肯定。

　　需要特别指出的是，物质享受的过度或越轨与精神享受的违背客观规律以及陷入谬误，这两种情况的发生都有一个共同的原因，那就是当事者对自我欲望的失控。而造成欲望失控的原因又是情感的紊乱和理性的模糊或丧失。

　　谁能获得精神享受？在条件相同的情况下，通常是那些既有知识又有能力、既有信心又不缺乏勇气的人。不过，这还只是一般化的前提，笔者认为，真正能满足自己精神享受欲望、能让自己享有精神境界中无穷快乐的人，是那些乐于为真理而探索、为人类而奉献的人。这些人有着相同的特征，就是他们都用自己的意愿和行动实现了自己的人生价值，赢得了大众的支持和尊敬。

四、表现的欲望

就像是"人为悦己者容"一样，人世间只要是有人喜欢的东西就一定会有人因之而表现。表现的内容大体属于物质和精神两大类。进一步说，真正的表现是表现者通过某种行为把自己在物质和精神两方面所拥有的东西做出某种程度的显现，以此满足自己或相关人员的某些需要，从而让自我价值得到相应实现。其实，这是一种有目的、有计划、有技能性的欲望实施。

表现和享受是一个统一体，两者相互渗透、相辅相成。表现是一种特殊的享受，享受是一种潜在的表现；表现是享受的潇洒和升华，享受是表现的源头与归宿。

不管在物质方面还是精神方面，只要称得上拥有，人就必定会有某种显示的欲望。例如，一个人假若在物质上非常富有，他就有可能做出各种各样的表现。如果是良性的，他就可能会有知足常乐、助人为乐等方面的表现；如果是恶性的，他就会产生得意忘形、仗势欺人等方面的表现；如果是中性的，他一般会产生顾全自我、顺应大势等方面的表现。

那些物质上只享受一般化拥有或贫于拥有的人，是不是就不能有物质意义上的表现呢？当然不是，只不过与物质上富有的人相比，他们的表现底气会单薄些、规模会小些罢了。但是，对于自己物质上的拥有觉得毫无意义的人，自然不会有这方面的表现。

人在精神方面要表现的内容比物质方面要丰富得多，如品行的端正、学识的渊博、智慧的高超、特长的突出、能力的非凡、爱情的甜蜜、人缘的广厚、家庭的幸福、事业的成功、身份的尊贵、声誉的良好，等等，都是人们幸于有之和乐于表现的。

人们在物质和精神方面所采用的表现形式实在是一言难尽。如中国历史上常出现过的：嫔妃争荣暗施计，豪绅斗富明摆招，将军造势显威武，文豪抒情弄风骚，三教同叹纵欲苦，九流共称敬人高，等等，都属于人们表现中的具体形式或详细内容。

人的表现欲与获取欲以及享受欲有着不可分割的内在联系。表现欲除属于生命价值的取向之外，还有属于获取欲和享受欲的一面。但同一种表现，到底是侧重于生命价值的体现还是获取欲与享受欲的满足，应由表现者的情感因素、理性因素以及人格档次来决定。笔者认为，低俗的表现只能令表现者加剧嫉妒心，纵容贪婪心，满足虚荣心。大众化的表现是表现者为了获得利益，赢得尊敬，取得回报。而最有价值、最受世人欢迎的表现是表现者的目的是为了真理的发扬光大、人类的幸福平安。金无足赤，人无完人，有时候人类的优秀者在表现欲的显现中也可能存在大醇小疵的情况。

能受到公众认可的表现，一般都是带有自尊、自爱、自重、自立、自信、自我实现等良性特征的作为，至于表现的方式和方法则因人而异，因时而动，因境而变，因势而起，犹如八仙过海，各显神通。诚然，用运之妙，存乎一心。

五、发展的欲望

在生存、获取、享受和表现这四个方面的欲望中，人们一般都不会主动放弃自己的满足和发展。福寿齐全、名利双收等吉祥如意的境遇是不少人热切向往的。在自己所迷恋的物质或精神世界中，满足感不断地丰富，日子越过越好更是人们梦寐以求的。在某些时候或某些情况下，即使有人对自己的某些欲望做出某种程度的克制，也只是欲望的内部调整而已。或为权宜之计，或因目标的改变而一味地扼制自己的欲望和不思进取，那就是"乐不思蜀"的阿斗。

欲望的发展或发展的欲望都是宽泛无边、难以捉摸的话题。本文只就两方面的特殊现象谈点看法。

笔者认为，无论是个体还是群体，也不管其处在何时何地或何种发展阶段，都会有一种企及未来的欲望——意境的欲望。意境欲望可

第一章 剖析欲望的内容结构

以说是一种典型的发展式欲望。就个体而言，意境的欲望贯穿于各个年龄阶段，尤其是在少年和老年时期，意境欲望表现得更为突出。前者以意境建构发展，后者用意境补充发展。

由于人的一生精力和时间有限，活动空间也有限，再加上时代、机遇等因素的不确定性，所以欲望的满足往往不尽如人意，故世人常叹："人生不如意事十之八九。"

面对众多欲望实施效果的不如意，人们该怎么办呢？最有效的办法就是创造意境来填补。

第一种类型是，面对欲望的无奈，便产生超凡脱俗之欲望，用意念登上天堂，让灵魂在极乐世界享受恒有的幸福和永久的存在；第二种类型是，面对欲望的渺茫，便产生回避平庸之欲望，借智慧切入事理，让思维在自然世界顺乎于发展的规律和多变的现实。诸如此类，都是实在的意境欲望，也是欲望的一种发展模式。那么，除了意境模式之外，还有什么高招能让人达到心灵愉悦的境界呢？有，那就是充分地展开想象，然后在理性的引领和情感的协助下创造更加宜人的意境，并把希望尽可能地寄于美好的意境之中。这样，人在贫困时，便可坚信贫困是暂时的，通过自己的努力一定会得到意想不到的帮助而奇迹般地摆脱贫困，走向富有。人在痛苦中，便可坚信痛苦是命运对自己的考验，只要自己始终如一地坚强，用智慧和勇气战胜痛苦，痛苦就会转化为对自己的一种鞭策。失败了，只要希望在，意境就会是信心和力量的源泉；成功了，只要不沾浊气，不怀邪念，继续保持谦虚谨慎，意境就是享受自豪和体现价值的乐园；老之将至，意境能为之预备"老圃秋容不淡，黄花晚节更香"般的自在；暮之已临，意境能给其以"众里寻他千百度，蓦然回首，那人却在灯火阑珊处"般的惊奇。

世界上，那些得意于不择手段以满足自己物质享受的人，临终时可能仍然是物欲的奴才；而身受委屈却善于以意境创造精神快乐的人，最终却有希望成为生活的强者。意境是人生中不可或缺的追求！

欲望由小到大，由简单到复杂，由低级到高级的变化都属于欲望的发展。变化方式的选择只能依据各自的实际情况而定。要特别指出的是：从正义与实在的角度上讲，团队、国家和社会欲望的发展，原则上一定要讲究科学性，不能囿于意境。最美好的意境也只能是有助于欲望的良性发展，而不可能直接代替欲望的有形发展。

第二节 用"五行原理"阐述结构

前面根据大众的生活意义就欲望的主要内容做了五个方面的表述。现在根据生存、获取、享受、表现、发展（意境）这五个方面欲望相互关联的情况，先将其分成层次，再用传统的"五行原理"表明其内部关系，然后阐述其结构中的一般原理。

一、五种欲望的结构

马斯洛在描绘人的需要时直接用一个三角形平面图表示五种需要的层次关系，见图1-1。

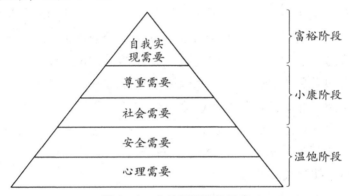

图1-1 人的需要结构示意

前面已分析过，因为人的欲望要比人的需要复杂得多，所以假若也想用图来表示的话，那么这个图就要复杂得多。现在用一个类似金字塔的立体图来描绘人的五种欲望的层次关系。

欲望结构的形成是根据下面几个假设提出的：①人生中由欲望幻化着生活，未满足的欲望影响人的心理和行为；满足了的欲望除非在满足的尾声中又激发了新的欲望活力，否则不能充当激励工具，不会再催生出新的行为。②欲望的内容相互穿插和相互渗透，因此类型的划分是相对的，而且其排列顺序也不是固定的；五种主要欲望中除生存欲是个始终不动的定面之外，其余四个面是可变的，无论从哪一个

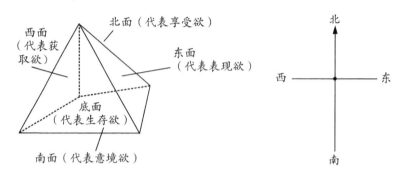

图1-2 人的欲望结构立体示意

面开始,顺时针方向排可以,逆时针方向排也行。也就是说,如果单从主观出发点上讲,在享有生存保障的前提下,可同时把获取、享受、表现、发展(意境)四个方面中任何一个方面的欲望满足当成是自我价值的实现,更莫说有两个以上方面的欲望满足了。③团队、国家、社会如果弱化或丧失了对个人欲望满足方式、手段和标准的管理与监督功能,那么其欲望实施就会给他方造成不同程度的危害;无论是个体、团队、国家还是社会,对欲望实行管理和监督的总体目标就是对欲望实现情感式控制、理性化制约,令欲望不与社会道德相违背,不与法律法规相抵触。

二、五种欲望的内部关系

用"五行原理"分析事物是中国古人的智慧。古代流传下来的中医学、命理学、风水学等学术的产生与发展,既源于古人的实践与总结,又受"五行原理"的影响而反映了当时人们对客观事物的认识水平的独特性。

"五行"指金、木、水、火、土五种物质。大体说来,"五行原理"是指世界由金、木、水、火、土五种元素所组成。这五种元素的相生相克、相制相扶、相聚相散,揭示出世上万物的生长变化、兴衰成败以及生死存亡的一般规律。

下面借用"五行原理"来分析五种欲望的内在关系。

第一章 剖析欲望的内容结构

（一）将五种欲望按五行分类

表1-1 欲望按五行对应分类

欲望名称	五行所属	方　位
生存欲	土	中
获取欲	金	西
享受欲	水	北
表现欲	木	东
意境欲	火	南

（二）五种欲望相生相克的关系

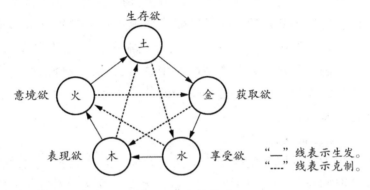

"——"线表示生发。
"----"线表示克制。

图1-3 相生相克

（三）五种欲望的内在联系

下述五种欲望的内部联系是建立在上述各图表的基础上的。

表1-2 五种欲望的内部联系

本欲	属性	部位	发自于	受制于	制约着	派生出	对应着
生存欲	土	底面	意境欲	表现欲	享受欲	获取欲	四欲之和
获取欲	金	西面	生存欲	意境欲	表现欲	享受欲	表现欲
享受欲	水	北面	获取欲	生存欲	意境欲	表现欲	意境欲
表现欲	木	东面	享受欲	获取欲	生存欲	意境欲	获取欲
意境欲	火	南面	表现欲	享受欲	获取欲	生存欲	享受欲

三、五种欲望结构中的一般特征

本章所讲的生存、获取、享受、表现、发展五种欲望,是正常人都拥有的意识。当这五种欲望存在并作用于某一个体时,有如下一些基本特征:

(一)正常人五欲俱全

一个正常人,只要有生存的基本保障,那上述的五种欲望就能在他的生活中全部反映出来。不过,五欲并处只能存在于人的臆想之中,即潜意识中。也就是说五欲并处是主观臆想的多,客观兑现的少。如果某人在生活实际中能在同一时间享受五种欲望的满足,那么我们便将这种情况称之为五欲并进。五欲并进虽然可能是昙花一现的临时状态,但这种满足感产生的时候常常就是令人觉得格外幸福的时候。生活中,人们出现五欲并进的例子也常有,只是程度不一而已。生活告诉人们,凡是让人觉得自己在乐意为实现自我价值而付出努力的过程中,人就很容易进入五欲俱全的状态。所不同的是,人们的价值取向是千差万别的。

(二)欲望的主流因人而异

因为生理特征以及生存环境、文化素养、人生目标、生活态度等各方面情况的差异,人们欲望的主流也就各有不同。不过,大体趋势总好像是弱势者慎于生存,贪婪者忙于获取,得势者恋于享受,处优与虚荣者重于表现,脱俗和无奈者大都乐于意境上的展开。

不管是主动选择,还是因某种特殊情况而以某种欲望作为终生或阶段性的主流,人们都不会在顾全主流欲望的同时对其他欲望的关注和满足采取放弃的态度。

一个人执着于让某一追求作为自己的欲望主流之后,在为该主流欲望的实施而活动时,他所产生的满足感很可能会向自我欲望的范围形成分化。例如,某人贯来以满足获取欲为主流,之所以可能进入执着一求、永不停息的地步,是因为他把获取中的满足感分化到了享受、表现和发展等欲望的范围之中。法国大作家巴尔扎克笔下的大吝啬鬼欧也妮·葛朗台,就是把全部欲望都专注于钱财获取的人。

老年的葛朗台之所以把占有的每个金币珍藏起来看成是最大的快乐，就是因为他想用获取钱财的快乐来填满自己整个欲望世界里的"口袋"。

(三) 欲望少不得相互妥协

前文曾用金字塔的五个面来分别代表人的五种欲望。这里再用金字塔的造型原理对欲望做些解说。笔者认为，金字塔的四个侧面之所以那样地均之匀之，并把四条边线汇集于同一个顶点，就是面与面之间相互妥协的结果。要说明的是，不要认为塔的底面没有参与这种妥协。要想到，没有底面的最先定局，侧面的妥协要么不存在，要么会出现许多遗憾。

欲望的妥协离不开情感和理性的作用，就像钢铁要用于铸造就离不开加热和造型一样。

为了对欲望、情感、理性三者有一个形象的认识和理解，我们可以用金字塔这个几何体的点、线、面分别比作人的理性、情感和欲望。金字塔形体中点、线、面通过相互妥协，然后才有机地组合成完整的金字塔。与此同理，人只有通过理性、情感、欲望三者相互妥协、相互融通、相互配合才能形成良好的人性格局，并让这种格局有利于人类社会和大自然的美好。

欲望的妥协是人们实现自我价值的必取之法。不管是什么人，若在主观上不遵循客观规律，或不懂得适应客观规律，就难以体现自我的价值。如果没有欲望的对外妥协，就难以与人达成合作，更谈不上能让自我价值得到社会化的体现和认可。妥协是让欲望通过合情合理的或称科学化模式而得以兑现的一种方式，也是为实现自我愿望而表现出来的一种态度和智慧。妥协的出发点和归宿都是为了自我价值的实现。

就个体内部而言，欲望的妥协不是犹豫不决、缺乏主见，也不是回避开拓进取，更不是怕承担风险，而是一种把欲望变成理想并让理想变成现实的实施方法。

就个体欲望对外做出妥协而言，不能是个性的软弱，更不能是对正义的贬损，而应当是为尊重客观规律而捍卫整体或长远利益所做的行为选择。总之，这里所强调的欲望应有的妥协，是一种尊重情感、光大理性、放眼长远利益的明智行为。

第二章 欲望在实施中的基本类型

在人的个性倾向中，欲望是在自我本体对正在消耗着的能量存在或保障能量增加所需要的准备感到欠缺和不足时开始产生的一种意识。随着生命运动的持续，人的欲望会不断地走向成熟。所谓成熟的欲望，是指想得到某种东西或达到某种目的的一种思路清晰的心理状态。为了利于讨论的深入，这里把进入具体实施中的欲望分为本能型、自我型、环境型、至善型四种基本类型。

第一节 类型的划分

传统文化中，很多人习惯于把欲望视为男女私情及损人利己之类的猥鄙想法和卑劣行径，对欲望缺乏开放式的讨论和理性化的辨别。实际上，即便是在潜意识中，欲望既不是一概地好，也不是一概地坏，而活跃在意识、意象以及意向与行动中的欲望当然更是好坏并存、优劣共处。到底怎样才算是对欲望的理性化分析呢？笔者以下文对欲望进入具体实施中的分类作为这方面的一种尝试。

一、本能型

本能型欲望是一种与生俱来的下意识地对客观事物所做出的反应，是人和动物都有的。本能欲望包括饮食、运动、休息、睡眠、排泄、配偶、繁衍后代等内容。

"饮食男女，人之大欲存焉"，这是众所周知的儒家观点。西方精神分析理论的创始人弗洛伊德认为：精神分析的主要成果之一是突破了人类传统的理性成见，揭示了人类心理过程的潜意识和无意识现象，为人类的非理性本能争得了地盘。弗洛伊德认为，性是人的最基本的本能之一，强调性不单指性器官的刺激，而且也包括身体其他部位产生的乐欲。此外，回避生命感官的不适应也是本能欲望的主要内容之一，如遇到某种威胁时，人和动物都会本能地回避。总之，趋利避害这个欲望的最基本特征在本能欲望中是表现得特别直接和明显的。

本能欲望是源自于生理机能的最初心理现象。因为它是下意识的，所以不受情感和理性的影响，是先于情感和理性的遗传因素。

人类历史上的野蛮时代是人的本能欲望最活跃的阶段。也正是在人类本能欲望最活跃的氛围中，人的情感和思维也不断地获得了生机。情感与思维的双重作用让人的欲望从动物的机械式反应过渡到能动式反应。人类命题语言的产生，既是在动物情感语言基础上的超越，又是欲望从机械式反应过渡到能动式反应的具体表现。这种过渡，促进了人类文化的发展。文化的产生和发展是人类生活进入秩序化的标志。生活的秩序对人的欲望实施而言既有方便性的一面，也有限制性的一面。正如弗洛伊德所说："文化改变了人的性本能，它以压抑人性的自然倾向为代价。"（《精神文明大典》第334页）但是这种压抑不是对人性的贬损，它比起让人的欲望任由个人情感的泛滥而对自然环境和社会利益造成危害的情况来说，应当认为是一种功德。

人类社会发展到今天，人的本能欲望并没有因为情感的丰富、理性的进步以及客观环境的改变而丧失其存在，而且在很多情况下还表现得更有特色。所不同的是，人类的各种欲望都在不断地与主观情感和理性进行着多层次的磨合与协调。

人和动物都有本能上的欲望，但人的本能欲望与动物的本能欲望有着本质区别。姑且不论受不受社会调节方面的区别，也可以说这种区别起码表现在满足欲望的物质对象和手段的选择方面。一般来说，动物只能依靠自然界的物质来满足欲望，而人的本能欲望不仅可以通过自然界的物质来满足，同时也可以通过社会的产品得到满足。就获取手段来说，人和动物最根本的区别在于人可以通过思维的展开和能力的发挥在劳动中创造出物质财富为自己的欲望服务，而动物却不能。

人与人之间，不论生活时间和空间上的差异，也不管自然环境、社会环境变化上的不同，本能欲望基本上是类似的。

二、自我型

自我型欲望是在有能力获得本能欲望满足的前提下面对外界的欲望与情感相互交融的复杂氛围，而形成的以自我满足为中心的心理状态。自我型欲望的根本特征，是以自我利益为中心的最富潜能的生命力的体现。人类和一般动物都拥有这一欲望。

在自我欲望中，人与动物除保持着本能型欲望上的区别之外，人类的自我型欲望的社会性和可塑性是一般动物根本就不可能与之类比的。再者，让人的自我型欲望得到满足的资源有许多来自精神世界——在很多人看来，动物向来就与精神世界无缘。到目前为止，学术界尚无关于动物如何为自己营造精神世界的完整论证。

就社会性而言，由于动物与动物之间除本能性联系之外谈不上有文化形式的联系，所以动物在实现自我欲望的过程中纵然有合伙协作的表现，也始终在自然力量的限制之中。因此，与人类的由共同物质条件而互相联系起来的具有文化特色的群体行为相比较，动物的自我型欲望只能说仅有自然性而不能称其有社会性。

恩格斯的《劳动在从猿到人转变过程中的作用》一文，提出了劳动创造人类的科学理论，并且指出劳动是人与动物的最本质的区别，劳动工具的出现标志着从猿到人过渡阶段的结束。由此可知，人的自我型欲望的社会性特征始于人类能制造劳动工具之时。人类自我欲望的社会性特征的产生和不断发展是人类社会进步的主要动力之一。

自我型欲望的可塑性特征是指人的思想、性格、才智及其欲望受外界影响而发生变化的特性，因为人类历史上的宗教、道德、法律、哲学、教育、文学艺术等所有的文化活动都有对人的自我型欲望进行规范的一面，而且很多时候取得了非凡的效果。

社会的文明程度决定自我型欲望的规范标准。某一社会形态或某一时期的欲望规范标准出现时，相应的规范标准一般表现为主动和被动两种形式。用道德标准来塑造自我欲望的做法属主动式的规范，迫于道德谴责和法律制裁而收敛自我欲望的做法则是被动式的规范。

站在主观立场上讲，对自我型欲望实行规范应该是在尊重理性的前提下对欲望进行自我认识、自我权衡，并理智地付诸实施；而站在客观立场上讲，人类每一个体的自我型欲望规范应当以尊重本能、合理疏导、恰当调节、酌情奖惩为要点。总的来说，对自我型欲望实行规范的目的，就是为满足全社会的生存欲望与发展欲望而创造良好的秩序，并奠定良好的思想基础。

人的自我型欲望的本位性、可塑性、社会性渗透于人类生存和发展的全过程，涵盖人类活动的所有空间，决定着人类生存和发展的节奏感与质量观。

三、环境型

人类的生存和发展离不开环境。所谓环境，是指周围的自然状况和人文条件、社会氛围等方面的情况。环境型欲望是指为了自我欲望的现实性，个体在确定欲望公开化模式的过程中不得不让自我型欲望与环境因素相整合，从而形成新的有利于利益最大化、可行性较强的愿望或追求。或者说，环境型欲望就是把主观愿望与客观因素紧密结合起来，让自我希望符合客观实际，并协调于各种人为条件，纯化实现欲望的努力，使欲望得到满足的这么一种特定的心理模式。环境型欲望的显著特点是社会性，主要表现在两个方面：一是具有重视客观因素和利用客观因素的基本特征；二是既有为环境而承担责任和义务的可能，又有因环境而违背公理、正义的可能。据此，可把人类环境型欲望的产生确定在原始社会群体力量对自然环境进行利用或改造的尝试之时。那时，由于生产力水平低下，离开群体将无法生存，因此，在单独实施自我欲望遭受打击的情况下，个体则寄望于环境因素的帮助以使欲望得到满足，于是环境型欲望便应运而生了。

比起人的自我型欲望而言，人的环境型欲望更为复杂，其范围之大、形式之多、变化之无穷，实在神秘得很。

环境本身就是个大概念。自然环境中有地理环境、资源环境、时间环境、空间环境等类别上的不同；社会环境中有政治环境、经济环境、文化环境、历史环境、时代环境等内容上的区别。莫说是讨论大范围，就算是以家庭环境为例，要论述其与人的欲望的联系和影响，都是很不简单的事。不过，正如马克思主义者所说，人类阶级社会中凡被确定了的利益都无不打上阶级的烙印一样，凡是人们表现出来的欲望也无不打上其所属类型的烙印。只不过识别这种烙印需要有一定的经验和智慧而已。

环境型欲望的表现形式虽然很多，但一般而言，其发展都有一个由简单到复杂的过程。为了便于理解，可以把社会分工的不断细化看成是环境型欲望的形式由简到繁的代表性过程。

随着社会的进步，赤裸裸的自我型欲望想要大大方方地得到满足是很难的，而且很多时候，除一些特殊的本能欲望之外，对本性不加任何收敛或掩饰的自我型欲望将会受到指责甚至耻笑与打击。所以，各种自我型欲望都会千方百计地借助环境的魅力精心"打扮"一番再行登场。

环境型欲望不仅形式多样，而且在实施中技巧无穷。

有一种世俗的看法是：比起其他行业来，生意人的自我型欲望最难"打扮"。所以，在中国世俗文化中对商人总是持轻蔑态度，认为商人应对环境的唯一技巧就是"奸"，即"无奸不成商"。其实，这种看法可能只是对小商人、粗鲁浅薄的商人而言才经得起实践的检验。

环境对人的影响力首先来源于环境给人形成的一种感觉氛围。所以，环境型欲望的表现高手历来都善于利用环境制造氛围。个人是如此，国家及团体也是这样。例如，日本就是环境型欲望表现得很突出的国家。"二战"前日本的民族凝聚力主要来自于资源困乏的地理环境和自认为种族优越的文化环境。危机感让日本人勇于创新，优越感令日本人把利益扩张当成刺激性享受。"二战"后，日本人变"大日本主义"为"小日本主义"，走自由贸易和工商立国道路，使日本在和平发展中迎来了经济的迅速崛起。可以说，"二战"前后日本人的欲望具有典型的环境型欲望特征。对应中，为欲望而营造环境氛围也便成为日本人的特长，但是，日本人的环境型欲望常常像他们的"军国主义"一样，最终害人害己。

重视环境是前提，利用环境为欲望服务才是目的，但在这个运作过程中环境型欲望的变化是很隐秘的。例如，人类在面对苦难的无可奈何中便产生了某种精神寄托，可是当某种精神寄托的氛围形成之后，无数的个体欲望在对它进行利用时却情形各异、效果不一，并且在利益产生冲突时还会"各抱地势，勾心斗角"。历史上各种帮会的出现，也是典型的环境型欲望的结构模式，但各帮会内部以及帮会与帮会之间的矛盾，尤其是各种形式的变更和发展总显得千奇百怪、势态无常。

总之，相对于本能型欲望而言，自我型欲望算是很复杂的，而相对于本能型欲望与自我型欲望来说，环境型欲望则更为复杂。不过，既然有系铃手，自然就有解铃人。有天经、地义和人法齐在，世上没有不可驾驭的欲望，尤其是物质方面的欲望。

四、至善型

《精神文明大典》中关于"至善"的解释是：至善是伦理学中的概念之一，指"绝对的"、"无条件的"、"至高无上的"善；至善是人类行为的最终目的和人生的理想，也是用来判断一切善恶的标准。其他的善，都是实现和达到至善的工具。

各个时代、各个门派的伦理学家对"至善"分别有着各自的理解。在中国传统伦理思想史上，儒家把"至善"作为人们道德修养的最高标准，作为道德评价的最终目的和最高境界。孔子把能行仁者视为至善；秦汉之际的《礼记·大学》把"止于至善"作为道德修养的最高境界；宋、明两朝的理学家则把"存天理，灭人欲"作为至善的主要内容。在西方伦理思想史上，唯物主义伦理学家德谟克利特认为，生活的目的就是追求幸福，而幸福不仅仅指感官的快乐，更重要的是心灵的宁静；亚里士多德认为人生的目的在于追求至善，至善就是按理性方式生活；伊壁鸠鲁认为快乐是至善，快乐是人们追求的目的；斯多葛学派则认为，快乐和幸福不是绝对的善，它是随人们的行动而来的，不应把它看作是行为的目的，只有德行本身才是唯一的善，以德行为目的的行为才是至善和最大的幸福；宗教神学伦理学却认为至善就是认识上帝、爱上帝，人在认识上帝中实现其真正的自我，即实现他的完善性和最大幸福；康德的伦理学反对上述观点，认为至善包括德行与幸福，是德行与幸福的统一。

人类历史中"绝对的"、"无条件的"、"至高无上的"善一直是人们执着的向往。其实到目前为止，这种善大部分只能存在于人们的意境之中。

从人类生活的实际意义出发，人们应当尊重各时代各个派别的伦理学家对至善的不同见解，讨论至善型欲望应从相对而言的角度出发。

人的至善水平不可能完全一样，而是有层次的。像欲望的类型层次一样，人的至善也可分为本能型至善、自我型至善、环境型至善、无条件型至善四个层次。人有本能之善，是因为人有恻隐之心等"四端之情"。人有自我之善，是因为人是有情感的，而情感本身便有善的目的性。再者，在形成自我的过程中，如果纯恶纯善，就不会有自我的形成。自我之善的内容很多，如见贤思齐、将心比心等。人有环境至善，是因为无论何时何地，凡寄生存于某一特定的自然和社会环境的人都必须与环境相协调，而且希望自己生存的环境越变越好。所以说，环境至善也无处不在。这里所说的至善，即无条件的善，是一种超越本能、自我和环境的善，这种善就物质利益而言可以是无条件的，就现有的精神与物质境界而言是至高无上的。只不过，就像天下没有绝对的恶一样，世上也不可能有绝对的善。所谓至善，只能相对于某种特定的时间和空间而言。因此，我们所讨论的至善型欲望只是相对于本能型、自我型、环境型之类的欲望而言。

迄今为止，人类及其每一个体的欲望都还没有进入过"绝对的"、"无条件的"、"至高无上的"至善境界。人类也许进入共产主义社会才可能让欲望进入至善化。而就个体来说，欲望的至善化境界除非离群索居，否则恐怕也只能是闻之于"人之将死，其言也善"。就人类的生存而言，全面进入至善型欲望的境界肯定离不开人类欲望普遍至善的大环境。在此之前，若人类出现环境型欲望的最大化至善情境，那就十分难能可贵了。

除有时间和空间范围上的特征之外，至善型欲望还具有贯穿各个欲望层次的特征，即"本能"有"本能"的至善，"自我"有"自我"的至善，"环境"有"环境"的至善。也就是说，欲望的善和至善是欲望的理性化境界，是欲望取得价值认可的过程，是人性与大自然的和谐。人类文化的发展历来就对自身的欲望寄托着不断迈进至善化境界的深切愿望，特别是宗教、道德、法律、教育等，都是在直接地为人类欲望的纯洁化、规范化、至善化服务。

第二节 各类型欲望之间的差异与共性

虽然可将欲望分成不同类型，但各类型不仅有差异，而且有共性。为了较为形象地表述各类型欲望的差异及其共性，特设计一组图形：①生命缘线；②等腰三角形；③正方形；④圆形；⑤球形；⑥综合图形。

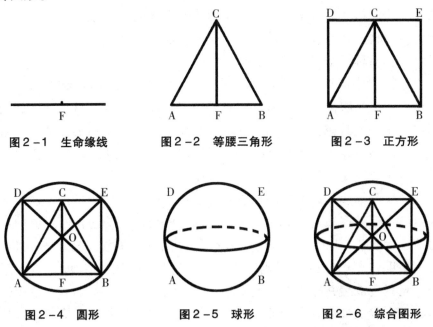

图2-1 生命缘线　　图2-2 等腰三角形　　图2-3 正方形

图2-4 圆形　　图2-5 球形　　图2-6 综合图形

假设在各种类型的欲望产生之前，人类的个体或团体都像一条类似于数轴的直线。这条线称作"生命缘线"，用"——"表示。这条线的特点是：①中间有个中分点（原点）——意味着保持基本能量的对称与平衡。②线的两头都可以无限延长或缩回到原有的中分点（原点），表示生命基因及环境因素可引起生命能量发生两极延伸或完全回归于原始状态的变化。③当线以线段的形式成稳定状态时，则代表人的先天遗传素质和现有的各种本能基因的定性状态。

以上述线条的中分点为中心，确定一条方便制图的线段，这条线段的长短决定着图形平面或立体的大小。在图形中，先以"生命缘线"上的 AB 线段为底线，以其中心点 F 为起点作垂直线 FC，使 FC = AB；然后连接 AC、BC 得等腰△ABC；再以线段 AB 为底边做正方形 ADEB；连接 AE、BD 与 FC 三线交于 O；再以 O 为圆心，以 OA 或与之相等的 OD、OE、OB 为半径画圆，球的横截面圆形图案形成。根据图形设计，用等腰三角形代表本能型欲望，用正方形代表自我型欲望，用圆形代表环境型欲望，用球体代表至善型欲望。这样，便可较为方便地分析四种类型欲望的各自特点及其相互之间的关联。

一、各种类型的主要特点

在把"生命缘线"当作人们欲望赖以形成的根本这样的前提下，再把人们最初级的、稳当可行的欲望模式比作三角形。因为在平面图形中三角形最具稳定性，而人的本能型欲望就是最具稳定性特征的欲望。本能型欲望的稳定性与三角形的稳定性相类似的是，不会因时间、空间的变化而改变其稳定性的特点。

自我型欲望是以本能型欲望为基础而产生的。代表自我型欲望的是以三角形的底边（以确定的生命缘线上的线段）为边长而形成的正方形，如图 2-3 所示。这个正方形包含代表本能型欲望的三角形，并有借助三角形支持（本能性作用的发挥）而产生自我固定性的趋势。自我型欲望并非本能型欲望的一味放大，而是在对本能型欲望进行物质内容上的放大和精神意义上的补充，并在其基础上确定的以自我为中心（用对角线的交点表示）的欲望模式。

环境型欲望是在自我欲望的行为实施中产生的。代表环境型欲望的圆形是以代表自我型欲望的正方形的中心点为圆心、以正方形对角线的 1/2 长度为半径所形成的。这里，可以将圆心喻为自我，将半径喻为自我能耐，如图 2-4 所示。就像圆形有了正方形的支撑，则显得规范和更方便运作一样，环境型欲望有赖于自我型欲望的规范才能显得更有底气、更有利于实施。环境型欲望的空间包含自我型欲望的空间。此外，在内容上，环境型欲望比自我型欲望丰富得多，且更便于分类和对内、向外做出集合性的表示。

欲望的善分多种情况。首先，各类型的欲望都分别有自己的善。本能型的善就像图2-2中的那个等腰三角形，除两底角、两腰相等之外还有一个至关重要的就是高的长度与底边（生命缘线）的长度相等。这样，受图形的象征性意义的启发，可把本能欲望的善归纳为三点：一是具有天然的稳定性，让人容易识别和掌握；二是在确定生命缘线作为底边的时候就具有对称性，这既有利于主观心理的平衡，又有利于环境秩序的稳定；三是高与底边相等，这意味着本能型欲望善的生成和实施必须以自我能量的真实需要和已习惯的客观理性为准则。自我型欲望的善就像一个正方形，具有直（四个角都是直角）、等（四条边都相等）、方（形象经得起位置的倒换）、正（中心点明确，并可牵制四面八方）的特点（如图2-3所示）。所谓直，即耿直，不含糊，行为与观点直率；所谓等，即平等，"己所不欲，勿施于人"之意；所谓方，即方整，不偏不倚，整齐严肃；所谓正，即正派，有规有矩，光明磊落。环境型欲望的善则像一个规范的圆平面，圆立定于圆心，是取固定的长为半径，并择定一个平面然后均衡使力而制定的平面图形（如图2-4所示）。与此相仿，环境型欲望的善像是在某一环境的平台上，取与环境的中心点相融合的自我心为圆心，再从自我心出发，取自我能耐（包括各方面素质）对整个平台服务热情的高度为半径，然后再平心静气又稳重有力地形成对整个平台产生积极影响的"圆平面"——人们乐意接受的东西。总之，环境型欲望的善就是自我修养与大众素质、环境因素相协调相融合的至善。这种善通过真心实意地为大众及环境创造利益的热情和实绩而体现出来。

就全方位的善而言，无论属于个体还是社会，都可以用图2-5所示的球形作喻体，因为球形囊括着三角形、正方形、圆形（如图2-6所示）。这就好比是欲望的全方位善必定囊括欲望的本能型善、自我型善和环境型善一样。所以说，全方位的善就是"至善"。

因为地球是个球体，月亮是个球体，太阳也是个球体，或许宇宙中所有的星体都与球形相似，所以用球体象征欲望的全方位至善，应当是很有启发意义的。

用完整的球体,甚至包括其运行特点来比喻"绝对的"、"无条件的"、"至高无上的"善,足以引发人们对至善型欲望的遐想,这方面的道理还有待进一步探究。

当然,有善就有恶。以上各种类型中如果有不规则的、变相的、丑态百出甚至给自己和周边世界都造成危害的就是恶。恶的程度怎样,便要具体情况具体分析。

二、各种欲望的共同点

前面在讨论四种类型欲望的产生时已谈到过它们之间的一些联系。这里从以下两个方面做些补充。

(一) 空间上的同一性

所谓空间,是相对于人性中四种类型欲望内容方面的情况而言的。对于特定个体来说,本能型欲望、自我型欲望、环境型欲望和至善型欲望都活跃在同一生活空间,而且其中的本能型、自我型、环境型三类欲望通常处于同一平面。就是说,在同一平面中本能型欲望是自我型欲望的一部分,自我型欲望又是环境型欲望的重要组成部分,环境型欲望可代表与其处在同一平面的本能型欲望和自我型欲望在至善型欲望所囊括的范围内活动,同时它们与至善型欲望的关系虽然不能在同一平面上相提并论,但可以在同一空间范围比肩同行。如果把象征环境型欲望的圆面以其任何一条直径为轴线顺时针或逆时针方向旋转运动的话,就可以推导出,正如圆面的旋转运动可作为球的成形准则一样,环境型欲望的全方位运转也就是至善型欲望的成形准则。所以,至善型欲望是环境型欲望的综合与升级——平面图形转为立体图形般的综合与升级。

此外,对于欲望的平面和空间理念,人们还可用换位思考的方式做另一种解释。人们可把欲望的平面视为欲望尚处在静止过程中的一种状态,把欲望的空间看作欲望在实施中的运动状态。例如,前文分别用不同图形象征着本能型、自我型、环境型三类欲望处于相对静止时它们都是同一平面上的东西,而处于各自的实施运动状态时,它们就会抛开平面上的同一性，只遵守空间上的同一性——因为等腰三角形绕对称轴运转即成圆锥形；正方形绕对称轴（两条对边的中心线和两条对角线）运转则要么形成圆柱形，要么形成底面对合的双圆锥形；圆形绕对称轴（直径，无数条）运转则形成同一个球体。四种类型中唯独象征至善型欲望的球体，转与不转所占的空间都一样，这便隐喻着至善型欲望不会因为静或动而改变自己的形态，是一种动也至善、静也至善的奇妙型欲望。这种类型的欲望就像宇宙中既自转又公转而对自身形态却一直不会改变的行星一样，那样的自然，那样的有规律性。

在同一空间的运行实施中，人们的欲望以本能型欲望的运行最为简朴，以自我型最为执着，以环境型最为灵活，以至善型最为公道。

（二）时间上的错综性

一切事物的存在都是相对于时间和空间而言的，人类欲望的存在当然也是如此。人类的欲望在空间上的存在有时可能是虚构的，在时间上的存在却总是实在的。就以时间观念上论，把人的欲望划分为四种类型，其意义有两重，一是从人类发展史的角度讲，二是从个体的生命过程而言。

笔者认为，就人类的欲望而言，从横向角度讲，无论处于哪一个历史阶段，都可以分为本能、自我、环境、至善四种类型；从纵向上讲，人类欲望大体经历这样一个过程：由本能型进步到自我型，接着由自我型演进为环境型，然后由环境型升华到至善型。在纵向的发展中，如果要从时间上做界定，那就是：①在原始社会旧石器时代剩余产品出现之前，人类的欲望是以本能型欲望为主的。其中，制造劳动工具以前，只能萌动本能型欲望；从使用劳动工具开始，是本能型欲望最活跃的阶段。②从奴隶社会到封建社会，人类欲望的主体类型是自我型欲望。这两个历史阶段中自我型欲望表现得特别突出，主要体现在经济和政治这两个领域。而文化领域，特别是文学、艺术、教育领域，自我型欲望主要体现于对自我境界的安慰、对本能型欲望的理解、对环境型欲望的向往、对至善型欲望的敬仰和崇拜。③从资本主义的商品经济飞速发展开始，人类的欲望世界就以环境型欲望为主。在环境型欲望当家做主的过程中，本能型欲望受道德规范，自我型欲望受道德和法律的双重制约，至善型欲望常常在人们的热烈讨论和执着的追求中充分显示其特有的魅力。要说明的是，资本主义社会的环境型欲望局限于某一资本势力范围之内，并非广布于全世界。

除按不同的时间对欲望进行纵向分类之外，还可以把同一时间的欲望进行横向性分类，但不管是纵向还是横向，分类的主要依据是欲望在追求快乐与回避痛苦中的反应。

以资本主义社会为例，看起来资本的积累和商品的流通等都很重视周边环境，即资本主义社会是以人的环境型欲望为主体的社会。实际上，在这种境况中，人们的欲望是五花八门的，特别是在欲望的驾驭与被驾驭过程中，人们的欲望不断地变换着类型出现在利益场合，以至于出现产生资本就是不断追求利润的欲望造型器这样的概念。

在资本主义社会中，本能型欲望扩大到了各个领域，成了人们争取欲望活动空间的最简单又最方便的借口；自我型欲望膨胀或被压抑得怪状百出，成了人们日常谈论中的主要话题；环境型欲望则成了"变色龙"，总是那么令人难以看透，难以捉摸；而至善型欲望常常被政治界当作强化权力的幌子，被经济界视为扩大经营的理由，被文化界称为弘扬道德的道具。总之，资本主义社会是使人类欲望的各种类型交错性表现的社会。以此类推，阶级社会中各种类型欲望的交错性表现是普遍存在的。

人类的社会性欲望在时间上的纵横交错情况是复杂的，人类个体的欲望在时间上的纵横交错也很不简单。这种不简单既体现在人的年龄档次上，又体现在人的心理成熟的档次上，甚至是人对自我生存价值体验的迟早和深浅也反映出人的欲望与时间观念的密切联系。

一般情况下，年龄的大小、心理成熟的先后、价值体验的迟早似乎最利于让人的各种类型欲望在时间上形成纵向性的发展趋势，但实际上在相同的时间范围内，欲望的横向交错更具有特色。例如，在以环境型欲望为主角的社会中，个体的欲望也并不能完全听任环境型欲望的摆布。所以，面对欲望类型变换的纵横交错，人们总感叹人的欲望太复杂。

三、各种欲望之间的差别

简而言之，各种欲望之间的差别主要体现在两个方面。

（一）实施范围上的差别

从图 2-6 可以看出，如果承认将四种类型的欲望分别用在同一平面或同一空间的三角形、正方形、圆形、球体来象征的合理性，那么这四种类型欲望的实施范围也正好如图 2-6 所示：实施范围最大的是至善型欲望，而环境型欲望、自我型欲望、本能型欲望的实施范围则依次递减。更重要的是，因为四种类型的欲望在平面和立体位置上的关系如图 2-6 所示，所以范围大的对范围小的是一种包含关系，范围小的对范围大的则是一种被包含的关系。

实施范围的大小差别，直接反映人的欲望类型或形态来源于自我意识对客观存在的选择和裁定，不仅个人的情况是这样，团体乃至社会的欲望也是这样。所以，倘若想扩大欲望的实施范围，或者说要让自己的欲望上档次，就必须在对客观存在的选择和裁定上下功夫。选择得对，裁定得好，欲望的实施范围就会自然而然地得到扩大。只不过，这种选择和裁定应该是情感和理性把握客观现实的真功夫，而绝不是欲望上腐朽与残暴的卑劣行径。

（二）至善化程度的差别

前面对四种类型欲望的至善性特征分别做了些分析，现在再从至善型欲望说起，把各类型欲望的至善化程度做出区别。如图 2-6 所示，倘若把欲望的最完整的、无条件的、至高无上的至善境界用球体来象征，那么球面就可以代表能让外界直观的至善程度。也就是说，人们最向往的至善境界类似一个标准的球面。相比之下，环境型欲望就像一个圆形，与球面相交汇的是圆的周长；自我型欲望像个正方形，与球面相交汇的是四个顶点；而本能型欲望像是等腰三角形，与球面相交汇的只有两个底角的顶点。如果把球面和与球面的交汇视为至善，那么就可以很容易地比较出四种欲望至善化程度的差别。

以上的比喻式分析，适合于个体或个体与个体之间的不同类型欲望的至善化程度的比较。至于代表团体乃至社会的四种类型欲望的至善化程度差别，就像我们在前面讲到过的，在运作中，至善型欲望像是球体；环境型欲望像是球体中的任意一个圆面，而在持续性的运作中，通过尽可能的努力，其至善的状态也可等同于代表全至善的球体；自我型欲望的正方形图面中四个顶点分别与圆周相交，运作中其至善的样式就像一个圆柱体或两个圆锥体对接；本能型欲望又像是底边和高的长度都与上述正方形的边长相等的等腰三角形，运作中，其至善状态就像一个圆锥体。于是，四者至善程度上的关系与前面所讲的集合情形一样，也是大对小而言是包含关系，小对大而言是被包含关系。

总之，人的欲望至善化程度的高低是相对于欲望的社会化程度的高低而言的。社会化理性标准的确定与实施是欲望投入至善的关键。至善不为至善型欲望所独有，环境型欲望、自我型欲望、本能型欲望都有至善的可能，只不过是各自的范围与程度不同而已。

对于欲望在具体实施中的基本类型的理解，是日常生活中随时随地都会遇到的事情。

第三章　欲望形成的过程与一般实施步骤

第一节　欲望的产生

一、欲望是一种生命本能

所谓生命，是指生物体所具有的活动能力，是一种高级的、特殊的、复杂的物质运动形态，是蛋白质和核酸组成的系统。在宇宙这个巨大的能量系统中，人就是以蛋白质为能量的形式而存在的。能量的存在及其作用的发挥令生命产生运动，当生命的活动能力开始与记忆产生联系时，欲望也就随之进入萌芽状态。或者说，当客观事物在头脑中引起反应时，人就会对事物产生或是需要、喜爱，或是不屑、厌恶等多种多样的感觉。感觉的深入与蔓延，会令人希望对需要和喜爱的事物能保留和发展，对不屑和厌恶的事物则立即回避与排除。于是，欲望便以感觉为依据而渐渐确定下来。因此，笔者认为，就从人的生命存在必须依赖于能量的拥有这种实际出发，个体的欲望将以生命为始终而始终，属于生命本能的一种。

在人的意识中，欲望的原始状态是因生命运动的不断持续而对正在消耗中的能量感到需要，对能量的恒久拥有感到担心，生怕能量出现不足这样的心理反应。古人造字就有这种会意，繁体"慾"字中"谷"代表能给人体产生能量的物质，是人的需要，也表示"诱因"的存在；"欠"表示物质能量随时有欠缺的可能；"心"字为底，表示面对物质能量的供给，或称针对性的诱因，常常会有一种需要、希望、顾虑三者共处的心理反应，这种心理反应便是具体的欲望。

正常婴儿一生下来就有饮食之欲，一旦有饥饿感，婴儿就会发出求食信号。这种为满足饮食之欲而发出的信号也就是人类最原始、最初级的希望并争取获得满足的表现——欲望就此开始实施。

动物类有一个共同的特点：有生命出世就必定有欲望的产生和存在。因为生命是能量存在的形式，而欲望是对能量可否继续维持生命存在的最现实、最敏感的反应。所不同的是，动物界无论是异类还是同类，欲望的内容和形式以及类型与档次都是千差万别的。人与一般动物的具体欲望在类型与档次上不可相提并论。就档次而言，人的欲望要显得完整得多。所谓欲望的完整，是指欲望既强调主观愿望，又尊重客观实际，或者说人的欲望不排除情感和理性因素。无论是个体还是群体，人类欲望虽然某些时候也有不完整的表现，但最终会得到自己或同类的补充、矫正，抑或是压制与拯救，而动物却不能这样。

欲望是人类得以进化的根本，没有欲望就没有人类的发展，这是人类历史早已证明了的真理。

二、欲望成全于意识

人在获得最初级的生存欲望的满足之后，思维的发展以及生存环境等多方面因素便会让人产生新的欲望。新的欲望的产生过程当然包括人脑对客观世界的反应。因此可以说，欲望是在生命能量意识的驱动中开始产生的，是在思想和行为中正式形成并不断发展的。

存在决定意识，意识又反作用于存在。在人的最基本的生存欲望得到满足的范畴之外，如果没有人的意识上的反思，就不会有欲望的再现或更新。假若在生活中有人对某种事物感觉模糊，那么，他对这种事物也就很难有确定的欲望。

在正常人的心理结构中，物质的影响力随着生命的需要而存在。如果把物质世界的某种或某些方面的影响力比作种子，把人的感觉、思维等反映现实的活动比作土地，那么，就可以把土地上没有接受种子传播的状态称为人的无意识状态，把土地接受了某一类种子的传播并借助其他方面的条件为种子的发芽提供有利条件的状态比作潜意识，再把种子发芽后的生长状态称为意识。在同一种情况下，还可以把由于某些原因致使苗儿不能完全成活的状态称为残破意识，把苗儿与杂草的争相生长的状态称为混杂意识。要是还想把比喻的范围扩大些，甚至可以把有序可寻、布局合理的苗木成活状态称为清晰意识，把疏密度不利于自然生长以及种类混杂的状态称为模糊意识。

意识是人的头脑对于客观世界的反应,是感觉、思维等各种心理过程的总和。意识与生命活力的关系,就好比是种子生根发芽、不断成长与土地及各种环境因素的关系。意识的产生和形成是人的生命力获得充实的一个飞跃。意识的健康与否,决定欲望的健康与否。

人类个体生命力的发展和壮大,基于自身生命力的冲动。保障生命冲动力存在的条件是能量。而能量的增加,则得力于欲望的满足。如果没有思维这种人类特有的、反映现实的高级形式,人类的欲望就只能与其他动物一样,永远停留在低级状态。所以说,欲望与意识的关系好比是芽苗的生长与原始种子及其各种生长所必需的多方面条件的关系,而且欲望的类型与意识的正误相照应。

三、欲望的虚构性实施——意象

如果说意识是在不经意中为欲望的产生和发展奠定了基础,并且意识的相对稳定为欲望确定了内容的话,那么,欲望回归意识的原野之后所形成的印象或意境便是意象。从某种意义上讲,人的意象是欲望与意识的复合。

意识是人脑对客观世界做出的反应,而意象是人脑对这一结果进行目的性的幻化过程及其结果。这里所谓的目的性,实质上就是欲望所期待的满足感。

意象具有主观性强、变化性大等主要特征。所谓主观性强,是说意象虽然寓于意识之中,但在某种程度上又可能会脱离客观而全凭主观想象。意象的存在不受时间和空间限制,如"人在凡间居,心随意境游。生无百岁命,常怀千年忧",指的就是这种情形。所谓变化性大,就是说意象好比图形设计,也好比梦幻式"旅游",既可以远离客观实际,也可以与客观实际密切地联系在一起。因此,以欲望的虚构性满足为主要特征的意象,其变化性是相当大的。

意象似天空中的云朵,形态万千,又变幻无穷。因为意象可以不受客观条件限制,所以人们很容易借主观臆想而让欲望在意境中得到满足。儒家的"己所不欲,勿施于人"、佛家的极乐世界、道家的逍遥自在，他们各自的基本理念都是追求一种意境中的自由。其实质也是意象的充分显示。

意象的内容好比是意识原野上欲望、情感、理性相互渗透过程中形成的图案——即使当初欲望、情感、理性是那样的原始或不成熟。

欲望是生命冲动的本能，意象的内容跟欲望的内容有产生交集的可能。从人的生活意义上讲，欲望的内容主要包括生存、获取、享受、表现、发展等方面，其核心内容是追求快乐，回避痛苦；意象的内容是以欲望的理念对意识过程中的印象进行组合和再现。意象的内容虚实共处，欲望的内容则是存实汰虚。在欲望的实施途径中，意象要经过情感和理性的筛选才能确定是否可取。不过要记得，意象永远是欲望奔于实施的第一站。

四、由意象确定意向

意向是当欲望以某意象为具体内容而产生冲动的目的意图，即心意所向。意象的存在以及欲望对意象的策动是意向被确定的基础。

意向的目标产生于欲望内容对实际生活环境的投射，意向的内容就是针对欲望的具体实施而做出的计划。常言道"计划不如变化"，因此，意向没有固定不变的模式。

为了讨论的方便，我们对欲望与意向所做的界定是：意向的内容包括相应的欲望实施目标，并为达到目标而做些心理和行为方面的准备。例如，这位男士太可爱了，我想嫁给他，这是一种欲望，但不是完整的意向。只有在当事者把目标完全确定好以后，也就是决意要嫁给他，而且想办法嫁给他的心理准备也做好了，才算是意向上的完整。所以说，人有欲望跟人对某事物有欲望不同，人对某事物有欲望跟人对某事物有意向又不同。人有欲望是指人具有一种本能，欲望是人类生存的基本心理要素；人对某事物有欲望是指人对事物产生了需求、喜爱方面的冲动；而人对某事物有意向是指人对某事物在既定欲望的基础上琢磨很久后的实施过程的形成和开始。

欲望凭意象确定意向是一个复杂的过程。因为，"在实践中，人也并不是生活在一个由铁的事实组成的世界之中，不是根据他的直接需要和欲望而生活。他生活在想象和激情、希望与恐惧、幻觉与幻灭、幻想与梦境之中"（光明日报出版社 2009 年出版的《人论》第 25 页）。所以，在决定意向的过程中情感和理性的作用极为重要。

　　意识的形成决定着情感的存在和不断丰富，意象的开启少不了情感的诱导，意向的确定更有鉴于情感的好恶。然而"情感，总是以追求生命冲动的直接满足为目的，即以追求得到完全满足的快乐为目的，按照'快乐原则'行事"（广东旅游出版社 2008 年出版的《行为心理学》第 86 页）。确定意向时如果欲望只依赖情感而活动，那很有可能总是趋向无限的困境甚至是完全丧失。因此，苏格拉底的理念是：人之所以为人，在于拥有理性。在当时，人总是倾向于把自己生活的小圈子看作世界的中心，并把自己特殊的个人生活当作宇宙的法则的环境中，苏格拉底做了"人是一种能对理性问题给予理性回答的存在"（《人论》第 8 页）这样的阐述。他还在《申辩篇》中说："没有经过反省的生活，是不值得活的。"

　　由于理性的目的是让现实中的我与理想中的我达到和谐统一，所以意向的确定如果能做到以欲望、情感、理性三者的协调为前提，那肯定是不错的。令人为难的是，尽管人类的生活经验积累到了今天这样的可喜程度，各种科学也发展到了时下非凡的地步，但理性的标准并未统一，而且很多时候、很多方面还有点显得模棱两可。不过尽管如此，人们为了欲望的满足还是会尽可能地按时代的理性要求把意向确定下来。确定了的意向即可称为愿望，高规格的愿望可称为理想。理想就是必定能实现的、令自己满意和公众认可的欲望。它既对当下有现实指导意义，又对未来有完整的设想，因此理想是未来的希望所在。

第二节　欲望的实施

一、要充实动机

当欲望对其诱因形成了确定性选择的时候，人便会开始为欲望的实施而行动。从心理学的角度讲，人的活动是受动机调节和支配的。动机是指引和维持个体活动，并使活动朝向某一目标的内部动力。它是一个人发动、维持或抑制某种活动的心理倾向。动机本身不属于行为活动，它只是一种推动行为活动的内在力量。

欲望是动机产生的基础，动机的服务对象是欲望。欲望在意向上的定位是动机产生的前提。动机在意向的范围中确定具体目标，这个目标就是欲望的诱因。在人的欲望范畴中，实实在在的诱因是指能够激起定向行为产生，并很有可能让与其相对应的欲望得到满足的客观存在。这种客观存在包括个体所拥有的、可对欲望产生刺激的条件。例如，食物的香气、色泽等是人们觅食时的显性诱因，商品的推销广告可能是顾客购买活动的暗示诱因。实际诱因的存在，诱导出人们的欲望的完整。然后，完整的欲望才能借动机所产生的力量，激发行为，投入实施。

动机产生于欲望对诱因的倾注之中。农民之所以乐于耕种，是因为作为诱因的收获能够满足得到实惠的欲望。在耕种的动机中，人的欲望是内部原因，是产生动机的根源，而作为诱因的收获，是与欲望相对应的外部刺激物。诱因让人的欲望有得到满足的可能，是动机产生的外部引力。动机因欲望捕获诱因后满足感的或有或无、或真或假、或大或小而忽升忽落、忽强忽弱，欲望也因动机在针对诱因而进行的探索中表现出时喜时忧、时起时落。诱因会由于欲望的满足而不断地在欲望的视线中变换形式与内容，还会因动机的强弱与是否得体而体现能量的强弱。

充实动机的前提是：除理解动机的属性以及动机、欲望、诱因这三者之间的关系之外，还应了解动机质地的优劣与行为效果好坏的关系。所谓动机的质地主要包括情感和理性方面的质地。笔者认为，只有在弄清动机质地的前提下才能再谈动机的"充实"问题。这方面的知识在许多心理学专著中都可以找到，因此可免除超范围的讨论。

对于想让欲望得到满足的人来说，充实动机并不是一种强制性的说法，而是一种自觉、自愿、求之不得的事。怎样充实呢？从内容上讲，一是要让动机尽可能合乎情理，二是要妥善解决动机与动机之间的相互冲突，三是理智而果断地确定行为目标。就方法上而言，比较有效的办法是先构建良好的心智模式。所谓心智模式，是指存在于心中的并影响自己如何了解这个世界、如何采取行动对周围世界进行运作、如何对自己多方面的假设做出处理的智慧或性情。

实践告诉人们，构建良好的心智模式取决于三个方面的条件。一是丰富的人生经验。在人生中，过去的那些为满足欲望、体验情感、探索理性而展开的全部活动过程构成了生活的经验世界。无论过去成功或失败的情况如何，当新的动机产生后，行动者都会在不同程度上借鉴以前的经验。在实际生活中，只有那些愿意借鉴直接经验或间接经验的"屡败屡战"者才能最终让愿望得以实现。经验是构建良好心智模式的第一手材料。二是机敏的认知方法。客观世界处在不断的变化之中，很多情况下一味地凭经验行事不是取得成功的稳妥之举。人必须不断地学习、不断地丰富知识和提高认识，随时对外部事物做出机敏的反应，随时对各种变化采取有效的应对措施，才能让自己的心智模式有利于动机的充实。机敏的认识方法是构建良好心智模式的技术实力。三是科学的价值观念。世界上很多人都承认马斯洛关于人的需要的层次理论，认为人的最高价值的需要是自我实现的需要。只是并没有多少人懂得，所谓自我实现的价值，是那些单纯的本能型欲望的满足或毫无半点至善化性质的、纯属是自私性欲望的满足所无法体现的。所以说，拥有良好心智模式的人必然会把主动承担和自觉践行让动机为欲望的价值负责任，把尽义务之类的事当作重中之重。

其实，由于动机与欲望、兴趣、理想、信念和世界观等是同一类别、同一系统的东西。因此，无论是生理动机还是社会动机，也无论是外部动机还是内部动机，更无论是远景性动机还是近点式动机，要想得到充实，都必须围绕欲望得以实现的总目标，注重兴趣的培养、理想的树立、信念的坚定和世界观的完善，最终让动机对欲望的规范、人生价值的取得都发挥积极作用。做好这些就是重视科学价值观的最好体现，而具备科学价值观对构建良好的心智模式具有核心意义。

有了丰富的经验，有了机敏的再认知，又有了科学的价值观，再加上动机的强弱有度、伸缩得体，便自然会为欲望的合理化满足准备先决条件。

二、要采取行动

采取行动是欲望获得满足的关键环节。为欲望的满足而采取行动，其方法和技巧比较复杂。古今中外有许多人研究过这方面的问题，但至今意难尽、愿难全。所以，这里只强调采取行动是人们实施欲望的重要步骤，至于行动的方式和技巧只能谈些肤浅的看法。

欲望一旦形成，渴望得到满足的冲动便与诱因的引力（无论是实际存在还是假设的）汇成一股动机源。行动就是受动机源支配而展开的以满足欲望为意图的行为实施。光有动机而没有具体行动，其结果就好比是望梅止渴，欲望毫无实质性的满足；光有行动而没有动机则一样是白费劳苦。欲望、动机、行动三者完全脱节，这一般都是白痴或狂士的生活痕迹。

除了为满足基本的生存欲望而展开的活动之外，其余各层次欲望的满足方式和技巧往往因人而异、因时而变、因境而生，都应具体情况具体分析，具体问题具体解决。不过，无论何人、何时、何地、何境况，也不管行为的阴阳善恶，活动之轻重缓急，更不分个体还是群体，如果要为欲望的满足而采取行动，其过程一般都具有如下特点：

（一）审时度势

审时度势最基本的要求是了解时势的特点，估计情况的变化。一般来说，无论是哪种类型、哪种性质的欲望都具有相应的社会性，所以在为欲望的满足而采取行动之前，最要紧的准备就是审时度势。例如，活动的环境因素包括时间、地点的选择以及将要牵涉到的人，还包括主观和客观、自然和社会等多方面的条件，活动的实施有可能会发生哪些变化等，都是审时度势的主要内容。怎样审？如何度？古代军事文化中所提倡的"知己知彼"就是最基本、最有效的审度之法。"己"无论用在哪里都是指自我，而"彼"用在军事上是指作战的对象，用在其他场合则泛指客观因素。

（二）秉理持法

做什么事都要有去做的理由，还要有基本的行事规则和方法。为满足欲望而采取行动的秉理持法，其常见性的表现是，当事者用自以为是的理由来坚定自己的意志，始终以理由充足、行为得体的自信姿态活跃在满足欲望的实施过程中，并希望自己的行事理由和行为方式在客观理性和情感上得到周边世界的认可。理想的秉理持法应当是在为欲望获得满足的行为中以法纪来规范行为的取舍，用智慧来驾驭行为过程，同时充分发挥自己的能耐，鼓足勇气朝着既定目标而努力。

在生活实际中，大多数为满足欲望而行动的人都认为自己的理由很充分，都希望自己选择和使用的满足欲望的方法最有效。产生这种情况的根本原因是，人们一旦将欲望付诸实施，就会把自己的欲望看成是绽放在理性和情感阳光中的花朵，而且还会用不同的方式告诉外界：我的欲望之花是天经地义的，它的鲜艳和美丽是应该受到肯定和赞赏的！

人无论贵与贱、贫与富，只要在为欲望的满足而行动，他就会认为自己是合理的；只要行动已开始，他就会自觉地选择方法。这当中还真有点像黑格尔说的"现实的就是合理的，合理的就是现实的"这么一种哲学味道。

社会各界各有各的秉理持法特点，唯有科学上的秉理持法掺不得半点假。所以，科学意识强的个人或团体，其实施欲望的态度和方法也会是科学性很强的。

（三）显能示力

采取行动是让欲望获得满足的关键，显能示力又是采取行动的重中之重。光有时局优势而没有驾驭时局的能耐，或光会纸上谈兵而没有实际带兵的本领，抑或是"只听理由说得响，不见功夫来得爽"，那都是欲望获得满足的大忌。行动中要想让欲望得到满足就必须有显能示力的本领。为满足欲望而采取行动这个特定过程中的显能示力，是自我素质、自我优势的充分体现，是欲望对诱因的一种降服，是对所有的正在或将会给欲望的满足造成负面影响势力的一种震慑，是自信、自强、自爱、自豪的必须过程。

显能示力是致力于让欲望得到满足的必由途径。不过，历史和现实中并非显能示力之下就一定会达到欲望的满足。经验告诉人们，在为满足欲望而付出的行动中，没有适当的显能示力的态势或场面，就谈不上有欲望的满足，而态势与场面的失当会造成欲望的满足不如人意或完全落空。

相对而言，显能示力也有静态和动态之分。不管是处在静态还是动态中，显能示力都要做到有真能方显，是实力才示。

动态的显能示力好理解，如格斗之道强调：在赤手空拳的情况下想用武力制服一个人，就必须从最近的距离、以最快的速度、用最大的力量攻击他。静态式的显能示力，例子也很多，如中国封建王朝中汉武帝、唐太宗、康熙皇帝等都曾通过静态式的显能示力赢得过"不战而屈人之兵"的美誉。他们显的是真能，示的更是实力，所以能受人称赞，令人敬佩。然而相反的例子是，清末的李鸿章也曾想凭借从西欧买来的新式战舰吓退日本人，从而也捞个"不战而屈人之兵"的美名。结果虽然表面上效显一时，但最终连整个北洋舰队都毁在日本人手里。这当中的根本原因就是，李鸿章所代表的清朝政府显的不是本国本土的真能耐，示的只是盲目自大的虚实力。

当今社会，作为国家而言，人才培养和科学技术以及经济建设和依法治国才是增强能耐和实力的根本保证。就个人而言，身体的健康、品行的端正、知识的丰富、技能的良好、思维的活跃、智慧的高超、态度的热情、精神的乐观等都是能耐和实力的基本要素。我们要实现中华民族的伟大复兴当然必须在增能强力上下功夫。

三、要关注结果

在追求欲望获得满足的过程中,人们对机会的珍惜、理由的寻找、方法的选择、行动的付出,无非就是为了得到如意的结果。可结果到底怎样呢?这是人们一开始投入行为支出就特别关注的事。

古人说:"人生不如意事十之八九。"可见自古以来人世间的欲望满足率就很低。也许正是这个原因,所以人们对自己的欲望能否满足的结果特别地关注。人们知道有时候是结果决定一切。关键时刻,往往是"得则生、失则死",这是历史反复验证过的事,可见,结果的好坏是多么重要。

人对自己的欲望是否能够获得满足的关注贯穿于实施的全过程,所以这种关注首先是人对客观事物是否能够满足需要而产生的态度体验。也就是说,这种关注是人的情绪与情感最活跃的过程。

情绪、情感与欲望的一般关系,特别是欲望是否得以满足情况下的情绪、情感变化我们姑且不论。这里只就人们对自我行为结果的关注所表现的情绪、情感做些分析。人在对自我行为的结果进行关注的过程中,情感、情绪的体验会让人产生积极或消极的心态。积极心态带来对结果的肯定,消极心态导致对结果的否定。也可以说满意的结果孕育出肯定性的乐观情感,而不满意的结果会酿制出否定性的失落情感。例如,取得成功的时候人就会有喜悦、自豪、热情、得意等富有肯定性质的情绪,而遇到失败时人就会出现痛苦、悲哀、憎恨、绝望等含有否定性质的情绪。总之,凡是能满足欲望或能促使欲望得到满足的行为结果都能引起人们肯定式的情绪体验,凡是不能满足欲望甚至对欲望满足产生妨碍的行为结果便会引起人们否定式的情绪体验。

由于世事常常是福祸相依,结果的好坏也不能凭一时一局而定论,所以在关注行为结果的时候,人的情绪和情感总难免忐忑不安。然而,又因为愿望中要保证欲望的满足,也就是要让自我行为取得良好的价值效果,这就必须有情绪状态即心境、激情、应急的良好,还必须有情感世界即道德感、理智感、美感的崇高,所以拥有良好的情绪状态和崇高的情感境界成了让行为结果朝满意方向发展的必备条件。那么，靠什么才能保证这方面条件的拥有呢？靠意志！同时兴趣也起很大的作用。

意志是确定目标并根据目标支配、调节行动，以及克服困难最终达到目标的心理过程。

当人们的行为结果对自己欲望的满足难以起到正面作用甚至造成负面影响的时候，这就意味着困难临头。在困难面前，人就会觉得有许多的不自在。这种情况轻则让人产生忧虑不安，重则令人陷入恐惧乃至绝望。而意志就是挽救这种局面的"天使"。

首先，辩证唯物主义认为，人的意志具有相对的自主性，但任何客观过程的产生和发展都具有一定的规律性，人们要想改变某些客观过程以实现预想的目的，就必须使自己的思想认识符合客观过程的总体规律，否则自己的想法就无法实现。这就是说，意志的本身源于对客观规律的认识与坚持，与客观规律没有联系的心理过程与意志无关。其次，从心理学方面讲，意志之所以称为意志，是因为它具有自觉性、果断性、坚韧性和自制性四个方面的品质。再就是，从意志与情绪、情感的关系上看，意志对情绪、情感有控制和调节作用，可以说人的意志是保证人的行为结果能让自我欲望获得满足的坚强后盾。正如古希腊哲学家伊壁鸠鲁所认为的：只有意志才能割断命运的束缚，向欲望所指示的地方迈进。在对行为结果的关注中，能否发挥意志作用是事业成败的关键。

人们对欲望结果的关注，实质上应包括对自我行为的反省，也应是对客观规律的体验和认识，更应是在用意志支配行为的同时尽可能让欲望获得满足，也应该是增加兴趣、优化情感的特殊过程。

关于兴趣对欲望获得满足的作用，笔者认为应该好理解，因为在生活中人们常常认为找到了自己感兴趣的事或感兴趣的人，便可以说是找到了成功的基础。也就是说，人在生活中能做自己感兴趣的事，能与自己感兴趣的人相处，其结果就是快乐。

教育工作者认为，培养学生的学习兴趣是引导学生成才的关键，所以从某种意义上来说，关注兴趣的培养也就是关注结果的如意。

"千淘万漉虽辛苦，吹尽狂沙始到金。""有意栽花花不发，无心插柳柳成荫。"行为与结果的关系有其必然性，也有其偶然性，因此人们对一般性欲望的满足也不必太执着。

欲望实施过程中的第四步是面对结局。这面对结局的一步，基本上是围着两个问题转：是欲望生发并荡激情感，还是情感直接回应欲望，或情感与理性相互交融贯通后再回应欲望。

第四章 欲望的基本属性

欲望与其他心理现象一样,有其基本属性,主要表现在先天性与后天性、自我性与社会性、连锁性与惯性、满足性与胀缩性、排他性与妥协性、置换性与超越性六个方面。其中,欲望的置换性与超越性比较复杂,笔者将把它作为重点加以讨论。

第一节 欲望的先天性与后天性

欲望的先天性是指欲望在人的胚胎期就拥有的一种属性。生命能量的满足、休息、睡眠、排泄、感官舒适等都属于人类先天性的欲望。欲望的先天性并不等同于唯心主义认识论上的先验论。恰恰相反,这种先天性同唯物主义的反映论是一致的,是生命的感觉对物质能量以及生命得以存在之规律的反映。没有这种反映便不会有生命现象的存在。所以,欲望的先天性是人类得以产生和发展的基本条件。欲望的先天性不完全等于欲望的本能性。本能性通常在以先天性为前提的同时还受自我以及环境因素的影响,而先天性是生命的一般规律和遗传基因所决定的。

随着生命力的不断成熟,人类欲望的后天性便逐步开始显示。遗传基因的优劣、自身生命力的强弱、环境的美丑、受教育的好坏以及个性和机遇等方面的差别都是对欲望后天性产生重要影响的因素。

比起欲望的先天性,人类欲望的后天性更具有个性特征。欲望的后天性涉及欲望内容是否丰富、类型是否多样以及实施是否复杂等很多方面的问题。更重要的是,欲望的后天性无论是开始产生还是类型转换以及付诸实施,都密切关联着情感和理性两方面基础的好坏。如果说人类欲望的先天性无不打上生命存在的印记,那么其欲望的后天性就必然打上情感和理性优劣方面的印记。

　　就个体而言，欲望的先天性与后天性的关系类似于生命和生命活力的关系，也可以说像是种子与苗儿的关系，还可以说像婴儿期与成年后一样的关系，主要特点是由简单到复杂。个体与个体相比，虽然同样拥有生命，但生命活力却强弱各异；虽然婴儿期的表现似乎差别不大，但进入少年、青年特别是到成年期以后各自的体形、体质、健康状况、智能因素以及地位和身份等多种情况便都会产生很大的差别。这说明人与人之间欲望的先天性区别不大，但欲望的后天性发展却很不平衡。

　　没有欲望的先天性，人的生命存在就难以确定；没有欲望的后天性，人和人类社会就不可能得到发展。

第二节　欲望的自我性与社会性

自然界中的水虽然各有各的源头，但一般都会聚之于川、汇之于海；人类的欲望虽然源自于不同的个体或团体，但无论是产生还是发展，都离不开群体和社会而存在。

人都有一种较强烈、较稳定的自我性，而且这种自我性在欲望的产生和实施中自觉或不自觉地与周边的人文及自然环境发生着十分密切的联系。因为除先天性和某些本能性的欲望之外，人的欲望都来自对物质世界和精神世界的感觉及知觉，所以人类社会的原始欲望自我性特别明显。随着社会的不断进步，个体的欲望实施不得不依赖于群体和社会的力量，因此欲望的自我性常常以各种理由、用各种方式融合或妥协于群体或社会。

欲望的自我性和社会性是一个永恒的话题。它们不因人性的善恶而或有或无，也不因时间的先后而或强或弱。除非欲望与梦想完全等同，否则，就像有人在就必定有人的欲望在一样，有人的欲望在就必定有欲望的自我性和社会性在。

无论人被认定是欲望动物、情感动物、理性动物，还是欲望与情感、理性三者相拌和、相融合的动物，其特征的形成过程都分别与在某一特定的平面中以固定的点为圆心，以尽可能接近平面边缘的长度为半径，然后确定出标准化的圆形图案的过程相类似。在这种相类似当中，圆心象征自我性，圆面象征社会性，半径象征着自我性与社会性的对应标准，半径在圆心控制下于制图中的运转象征自我性与社会性在同一平面内的和谐统一。同时，图案的大小及其规范性的优劣，既取决于中心点位置的确定，又取决于半径的长短及所取的平面的标准化程度。不过应当承认，除某些特殊场合似乎丧失了理性和情感而只有欲望的存在之外，一般来说，人类都同时存在着欲望、情感、理性，否则，人就和动物没有区别了。至于三个元素中谁强谁弱以及相互协调、相互促进等方面的情况如何，那是另外一回事。虽然过去和现在都有人认为人是情感或理性的动物,但人们决不能狭隘地把自己或他人看成是纯欲望的动物。

人类的欲望如果没有自我性就失去了欲望产生和存在的基础,如果没有社会性就丧失了欲望活动和表现的价值,甚至根本就没有活动和表现的可能。欲望的自我性如果是恶性的扩大或放纵,那势必给社会造成危害,同时也最终会毁灭自我;如果是善性的发展或超越,那就有望在给社会创造利益的同时也不断地壮大和升华自我。欲望社会性的产生和发展虽然对欲望自我性有着某些约束效应和规范作用,但绝不是对欲望自我性的摧毁与清除。欲望的自我性和社会性永远是在既对立又统一的矛盾中出现。情感的真、善、美与理性的精、深、明是让欲望的自我性与社会性达到和谐统一的法宝。理性应当让人们明白:能让人们欲望的自我性与社会性达到和谐统一的社会才是进步的社会、理想的社会。假若社会运转中有迫使人们欲望的自我性与社会性水火不容的不良现象出现时,那么政治的主要责任者就要格外谨慎,要千方百计引导民众扭转这种局面。

站在正义的角度讲,欲望的自我性和欲望的社会性都有值得褒贬或让人持中性态度的东西。因此,人们不要误以为凡是社会性的东西就值得褒扬,凡是自我性的东西就应受到指责。判断欲望的善恶、美丑应当凭理性而不应当只根据欲望所引发的情感。

第三节　欲望的连锁性与惯性

迷恋名利得失的人可能因为某种意外的收获而贪得无厌，贪图享受的人可能因为一次偶然的快乐而联想无穷，执着学问的人常常因为一个突然的发现而趣味横生。这些都是生活中的常见现象。这类现象的出现很容易引起欲望的连锁性反应。欲望的连锁性，是指相关的欲望只要有一个发生变化其他的都跟着发生变化。

如果人的生活环境产生了较大变化，或者政治地位、社会声誉、经济实力等方面的情况产生了较大的变化，其欲望就会有一个方面先产生变化。例如，假若某人的社会声誉越来越高，交往层次肯定也会越来越高，活动范围也会越来越广。为了适应新生活的需要，他的各种生活设施就会随着某一件的改变而连续不断地改变。或者，假若一个企业主的经济实力猛然大幅缩水，那么他的生产布局或消费开支等方面的欲望也必定会发生相应变化。

一旦某一种欲望发生了变化，其他欲望也就自然而然地跟着改变。例如，一个人的生活消费开支大大减少，那么他旅游、购物、约会等方面的欲望肯定也会相应减少。

除纵向的连锁性之外，欲望还有横向的连锁性。

俗话说："生活的好坏没个底，烦就烦在相攀比。"人们生活上的相互攀比令欲望变化的连锁性反应特别突出。不可否认，竞争式的攀比这类欲望连锁性反应曾成为推动社会发展和进步的动力，但是这种横向式的欲望连锁性也常常让大众的生活空间弥漫着虚荣、贪婪、嫉妒之风。例如，有人看到别人开上了豪华车，便想赶上甚至超过人家。于是，不顾主观和客观条件而盲目仿效，甚至置法纪于脑后，从而走上不归路。

人的欲望为什么容易产生连锁性呢？笔者认为，就像情感不愿孤独并总希望找到依托一样，欲望从来就不愿意在寂寞的氛围中待着，总喜欢在一定空间进行接应和传递。事实上，不管是在何种领域或情况下，欲望的实施一般都不会长时间固定于一种状态。此外，欲望连锁性的产生与诱因的系统性有着密切的关联。人的欲望在得到某种程度的满足之后，其胃口会像探照灯一样，对与既得利益有着密切联系的事物继续搜寻。一旦欲望与某一新的诱因对应上了，曾为欲望得以满足提供过方便的那些既有的条件因素，又会根据新的情况为欲望的连环性满足准备更多、更好的条件，而且这种因欲望的连锁性而展开的活动具有很强的阶段性和连贯性。

欲望的连锁性可以推动人们把事情做得更好，从而让欲望获得更多更大的满足、自我价值得到更充分体现的一面，但也免不了会有导致个人行为不可收拾、社会风气靡然不洁，从而给周边世界造成危害的一面。

所谓欲望的惯性，是指欲望在实施中具有保持原有运动状态或静止状态的性质。生活中，人的欲望确实有类似于行驶的机动车刹车后并不能马上停止前进，或静止的物体不受外力作用就不改变位置的特点。这些特点可与欲望的惯性作用类比。

欲望的惯性应该好理解，一方面，生命的运动基本上只分两种，即身体运动和心理运动，而人们欲望的产生和实施都在心理运动和身体运动的范围之内；另一方面，如果某些欲望暂时或长期不能付诸实施——处于相对的静止状态，那么这种静止状态在不受外力影响的前提下便会无限期地延续。所以，无论欲望处在运动状态还是静止状态，其惯性总是自然而然地存在。

像物体的惯性有气势强弱、力量大小等差别一样，人类欲望的惯性也常常因动机、内容、类型和所处环境不同而分别显示出强弱或大小的差别。

在运动状态中的惯性有促使欲望不断发展的可能，甚至在竞争式的活动中还有助于欲望实施的最后冲刺，但是也有可能会令行为与目标更加背道而驰，让人在欲望的实施中南辕北辙，导致相反的结果。

除能检视欲望产生或欲望实施之外，欲望在静止状态中的惯性还可以作为验证欲望的动机是否合乎情理的一个环节。不过，毕竟欲望的惯性本身并不存在好坏与善恶之分，所以欲望的惯性作用对欲望的满足到底起正面影响还是负面影响，那就要看欲望在理性中所达到的规范化程度以及欲望的主人如何对欲望进行驾驭来确定。

欲望的惯性与欲望的连锁性的共性是，它们都属于某种欲望的持续或蔓延。二者完全不同的个性是，连锁性属于外界诱因系统的吸引力在欲望的产生和实施中的反应，它既是横向型的牵连在空间中的扩大和时间上的延长，也是纵向型的各个环节在过去与现在生活实际中的串联；惯性则是欲望在产生、实施过程中以及存在状态中难以制约的延伸，是力量的自然，是不以人的意志为转移的客观存在。惯性的方向与其产生时的母体运动方向，或称原动力的方向是一致的，而且一般是专一的，不像连锁性运动的方向那样可以同时纵横交错。

连锁性和惯性可以在人的欲望中同时存在，并可以同时对欲望的满足感产生作用。

第四节　欲望的满足性与胀缩性

除因情感支配而自然表露之外，人的行为一般都是为了欲望的满足而展开的。

欲望的满足性体现在物质和精神两个方面，但这两个方面的满足性质和状态各有不同。物质上的满足具有明显的客观依赖性和暂时性。也就是说，如果欲望的满足是一种快乐，那么物质欲望的满足是一种条件性很强而且状态也很容易发生变化的快乐。如食欲的满足首先要依赖于饮食的存在和具备，并且获得满足后的感觉状态很快就会发生变化。因为在物质方面的诱因一旦被欲望吞噬后，便会马上进入欲望的"消化道"，所以，用不了多久食欲的满足又得由食欲对新的食物的依赖来更替。

情欲的诱因是物质实体和精神因素的融合，既具有物质上的依赖，又具有精神上的向往，但一般情况下也是暂时性的。所以，精明的人都懂得，要让爱情获得长久的拥有和发展就必须不断地增添爱的活力，不断地刷新爱的方式，不断地让自己站在对方的情感位置上，并经常注意让彼此的欲望相互交错、相互吸引和协调。

只要不钻进死胡同，不戴上任何枷锁，精神方面的欲望满足比物质方面的欲望满足要方便和自由得多。精神方面的欲望满足主要来源于心境的安宁、信仰的坚定、情感的美好和理性的高尚等多个方面。这种满足一般具有自主性和稳定性。相对于物质欲望的满足必须以对物质条件的依赖为前提而言，精神欲望的满足可以随机应变，而且不完全依赖于外界条件。不过，无论是谁，要想让精神上的某种欲望得到满足，首先必须要有稳定的心理模式。虽然人与人或是同一个人在不同的时候境界各异，但各种境界对精神欲望满足的作用是同一性质的。

物质欲望的满足状态就像天空中的浮云，浮云可定形于片刻之间，但毕竟会飘忽不定、容易消散；精神欲望的满足就像地上的流水，虽然没有固定的形态，但聚也存在、散也存在，而且有固定的依托和规律性的变化。

总而言之，无论是浮云般的特征还是流水般的风格，欲望的满足总会给人带来层出不穷的情感体验，也不断地为人类理性的产生和发展开通道路。与此同时，人世间的一切邪恶都难免伴随着人们为满足欲望所展开的活动而不断产生与发展。

欲望的膨胀是指已经实现过的满足让原有的欲望非理性地增大。欲望具有膨胀性是以欲望已经得到过某方面的满足为基础的。就像没有物体的受热就没有物体的膨胀一样，从来没有得到过满足的欲望是谈不上有膨胀性的。生活中，人们之所以习惯于把欲望视为有污人性的东西，其中有一点就是因为欲望的膨胀常常糟蹋着理性。历史和现实中因欲望的膨胀而令人产生心理扭曲的现象普遍存在，社会上因人的欲望膨胀而造成秩序混乱、矛盾百出的情况也时有发生。因此，理性的政治特别注重用道德和法律来抑制人们的欲望膨胀。

物理学常识告诉人们，一般的物体都有热胀冷缩的性质。人的欲望也如物体一样，既有膨胀性，也有萎缩性。欲望的萎缩一方面是受自然条件的影响。当自然条件造成某种欲望得不到满足时，在困难和挫折面前有人就会丧失信心，缩小自己的欲望。另一方面，欲望的萎缩也受社会原因的影响。在同一生活平台或空间中，无论是个体与个体之间，还是群体与群体或个体与群体之间，强势者欲望的膨胀也常常导致弱势者欲望的萎缩。不过，人们不能因为欲望的膨胀是非理性的，就把欲望的萎缩看成是理性的。一般情况下，欲望的萎缩始终是出于对自身素质和客观条件的无奈。在同一时期、同一空间，很多情况下强势者欲望的恶意膨胀往往建立在弱肉强食的基础上，就像历史上世界列强曾经掠夺中国的财富一样，既反映了列强的恶行，也暴露出中国封建统治者的软弱。

也可以说，欲望的膨胀或萎缩就是人类的个体或团体在自我欲望的连续性实施或连续性回避中的心理活动和行为表现。这种表现最终会给自己、给他人甚至给社会环境与自然环境造成损害。社会上某些腐败现象的存在，都是因欲望的膨胀者无视法理和弱势者放弃法理而形成的。所以，个人或团体如果无视正义和道德，恣意放纵和膨胀自己的欲望，那就是一种恶行；与此同时，因为惧怕恶势力便扼杀和萎缩自己的正当欲望，也是一种过错。

单纯的礼仪文化与简单的情感政治是无法对欲望的满足性、胀缩性实行良好教化和全面规范的。任何社会、任何时候，如果有人想以任意式的欲望满足来求得社会的稳定和进步，那都是荒唐或别有用心的。无论在什么情况下，只有用欲望的"知止"来约束欲望的满足，用欲望的"合时"来控制欲望的胀缩，才能很好地促进社会发展、维持社会安定。因为，欲望的"知止"意味着社会道德和法律对人们的行为起到了规范和节制作用；欲望的"合时"表明理性对人们欲望的产生和实施真正起到了指导和启发作用。

第五节　欲望的排他性与妥协性

在物质利益面前，动物天生就具有排他、垄断等意义上的欲望。例如，饲养鸡、狗、猪之类的动物时，人们总发现动物同类或异类之间因抢占食物和争夺活动空间而发生争斗。获取食物时，强势者不肯与弱势者公平享受；弱势者也常用仇视、反击、呼救等抗争方式来对付强势者，以求捍卫自己的利益和尊严。

作为地球上最高等的动物，人虽然在满足欲望的过程中注重心态、行为与环境的协调，但欲望上的排他性跟一般动物并无区别。

社会环境相对和平与稳定时，在生存、获取、享受、表现、发展这五个方面的欲望当中，如果依据排他性的大小进行排列，则首先是享受欲的排他性最大，其余应该依次是获取、表现、生存、发展。而社会如果是处于动乱之中，那各种欲望的排他性就很难有确定性的大小比较。随着人类生存环境的变化，在未来的竞争中生存的欲望很有可能越来越增加排他性，不过这是后话。

在打败吴王夫差后，越王勾践趾高气扬地进入姑苏城占据夫差的宫殿，大宴群臣，场面格外热烈。大臣范蠡发现众人皆开心，唯勾践脸色阴沉。他不禁叹息："越王不想归功于臣下，猜忌、排他之心已见端倪，可惜他身为一国之王，却如此贪功吝赏！"第二天，他辞越王而去。走时，他给同僚文种留下一封信说："飞鸟尽，良弓藏；狡兔死，走狗烹；敌国破，谋臣亡。越王为人长颈鸟喙，只可与其同患难，不能与其同享乐。"范蠡走后不久，文种遂遭杀身之祸。

人们都认为范蠡的选择不失为一种明智之举。范蠡的明智，最关键之处就是看透了人类欲望的排他性。在当时的历史条件下，他深知君主和谋臣之间是一种人身依附关系，一种相互利用的关系。他了解创业阶段或处境危难的时候君主一般都有自知之明，懂得必须合众欲方能大己欲，必须聚众力方可成己功，所以一般都能礼贤下士、虚心采纳臣下意见；做臣下的则希望依靠有作为的君主，施展自己的才

第四章 欲望的基本属性

能，让功名载于史册，让利益惠及后代。然而，这种关系能够维持到什么程度，则取决于是否有利于或起码不妨碍君主对欲望的满足感——特别是对获取、享受、表现三方面权力的垄断。范蠡表面上说"只可与越王共患难，不可与越王同享乐"的原因是越王长了一副长脖子、尖嘴巴。实际上，他是看透了人与动物一样，在享受面前有极为强烈的排他性，何况越王在群臣面前是个拥有绝对权力的强者。

人类社会中，从奴隶社会到资本主义社会，人类欲望的排他性之所以是那样的明显，主要有两个原因：一是基于人对物质能源的危机意识，二是因为排他行为的成功本身就具有一种利用自己的优势战胜他人的刺激感和拥有权力的自豪感。排他性可以通过掠夺、占有、垄断等方式给人带来获取、享受和表现等方面的体验，常常让人的欲望产生出独特的满足感和优越感。

如果缺少理性的感化与制约，人就很容易成为权力、金钱、色情三方面的狂徒。所以，人在权力、金钱与色情三种欲望上的排他性也尤为突出。

强势者在弱势者面前，欲望的排他性总显得特别强烈和野蛮；在势均力敌的局势中，欲望的排他性在经过反复较劲或理性的分析与思考后，多能达成相互妥协。

至于欲望的妥协性，在本书的第一章中已谈到过。不过，那是指人类生活意义上的五种欲望在内容和结构上的妥协。这里要谈的妥协是个人与个人、群体与群体以及个人与群体、群体与个人相互之间的多方面妥协。这种妥协是以让步为主要方式的，是为避免相互冲突或争执，并有利于双方或多方面欲望不受打击和阻碍的欲望实施方法上的选择；这种妥协是由于来自多方面的欲望在同一诱因的吸引中，各方都衡量如何以最低代价赢得尽可能大的满足时产生出来的。妥协是一种调节自私本能、更加低成本地维持和捍卫自己长远利益的智慧。如果极端的欲望排他性不需要付出高成本、高代价，那么无论个体或群体都不会愿意妥协。

妥协的内容有多有少、形式有繁有简、程度有深有浅、范围有大有小。形式、程度、范围虽然难以细述，但是比较好理解。

就内容而言，妥协有政治方面的，有经济方面的，还有文化方面的；或者说，妥协有物质上的，又有精神上的；还可以说，妥协分面子上的妥协和实际利益上的妥协；当然也可以说，欲望的妥协主要表现在情感和理性两个方面。

很多情况下欲望的妥协有化解排他性的特殊作用，它是人类社会的所有组织得以产生和发展的前提。世界上任何一个团体（含国家和大型联合体在内）的产生和发展都少不得其成员欲望上的相互妥协。法治社会的形成更是人们在欲望上相互妥协的结果。1787年美国就是通过大妥协才催生出人类历史上第一部成文宪法的。

理智的妥协少不了妥协者对大自然和人类社会的规律进行科学性的探索和应用，少不了妥协者对社会道德和国家法律以及人类正义感的维护。一个人、一个团体、一个国家或民族如果因过于爱面子而忽视实际利益，过于重礼仪而轻视法纪，或总习惯于以情感代替理性，就往往容易走极端，就根本谈不上有积极意义的妥协。事实告诉人们，情感的纯度、理性的高度才是保证欲望妥协顺利进行的基础。这里所指的情感纯度是情感中显示出来的道德魅力能够打动人；理性高度是指意识和行为中对客观规律的认可与尊崇，以及对人类和谐发展原则的制定与践行等方面的风格能够成全于事。

第六节　欲望的置换性与超越性

由于受自身素质、外界条件以及机遇等多种因素的影响，因此人们欲望的满足率都是有限的。未得到满足的欲望除重复已经采用的方式继续追求既定的目标之外，还会发生置换性和超越性等方面的变化。

置换是替换的意思。欲望的置换是当某种欲望在实际生活中难以获得满足，或因为情感及理性的作用不便将某种满足过程继续下去的时候，欲望的主人为了达到自我心理的平衡，便以另一种欲望来替换那种自认为不可能获得满足的欲望。

欲望的置换有内容置换和形式置换之分。所谓内容上的置换，就是让欲望在同类诱因中不能获得甲就去追求乙，在异类诱因中不能获得甲类就用乙类来代替。所谓形式的置换，就是对满足欲望的过程和方法进行替换，因为"此路不通彼路通，处处有路到长安"，所以过程和方法的置换便能让欲望更具灵活性地获得满足。

无论何时、何地、何种情况，也不管是内容还是形式上的区别，欲望的置换都容易引起人们在实施欲望中的态度、情绪以及行为方式的变化，甚至有时候某人因为欲望的置换而让旁人觉得他就像换了一个人似的。

欲望的置换包括欲望的转移，转移是置换中的一般现象。欲望的置换还有使欲望得到升华的可能，但这种升华不可能出现在欲望的转移中。欲望的置换是行为中的一种自发现象，但欲望的满足并不一定会因为欲望置换而直接产生，有时候可能要在好几次置换后才能挣来一次欲望的满足，有时候也可能是无数次欲望置换也挣不到一次欲望的满足。这种情况正好证明阿兰·德伯顿在其《身份的焦虑》中所说："生活就是用一种焦虑代替另一种焦虑，用一种欲望代替另一种欲望的过程。只要不觉得羞辱，人完全可以长期过着艰苦的生活而毫无怨言。"这段话道出的就是欲望置换的真实意义。

欲望的置换不因为欲望的善恶而若有若无，也不确定是以善替善、将恶换恶还是善恶互换。它的主要特征就是随意性大、变化性强。它有可能让原来的欲望陷入堕落，也有可能让原有的欲望得到升华。在欲望的置换过程中，如果总是得不到欲望的满足，就可能用对他人进行攻击、嫉妒等方式来发泄欲望实施受挫的不满，也可能用幽默、自嘲等方式实行自我解围，还可能用转他、幻想等行为来求得自我心态的平衡。

如果欲望能在置换中得以升华，那当然是很受公众和社会欢迎的事。人类历史上许多对社会进步做出过重大贡献的人都曾在欲望的置换中有过欲望的升华。他们在欲望的挫折面前可能都曾有过类似法国作家罗曼·罗兰发出的"累累的创伤就是生活给你的最好的东西，因为在每个创伤上面都标志着前进的一步"般的感慨。

欲望的置换性在人性中普遍存在着。这种存在与人类自身的文化素养有一定关系，但并不很大。人类欲望中真正需要有理性素养做功底又能对社会进步形成巨大动力的是欲望的超越。

欲望的超越是人性中欲望、情感、理性达成和谐的高峰型反应。欲望的超越性以欲望、情感、理性三者在高度统一中产生出一种令人乐于将"小我"融合成"大我"，乐于为他人乃至全社会的当下而奉献，乐于为公众和大局的美好未来创造条件为主要特征。人的欲望的超越性有热情的表露，更有责任感、义务感和正义感的体现，同时，欲望的超越性特别强调超越者的自觉、自主、自信和自强。欲望的超越过程就是欲望变成理想并将理想变为现实的过程。纯感情或纯理性支配的行为都不是欲望产生超越的表现。激情可能是产生欲望超越的前奏，但不能成为超越的内容，更不能当作因超越而产生的结果。欲望的超越与欲望的升华虽不完全是一回事，但二者关系非常密切。升华一般指某种精神境界的进入，也可以说是境界上的崇高；超越不仅指精神境界产生跨越式的变化，而且还是一种既定时空内行为实施上的优势。升华常常为超越形成功底，超越也常常因升华而产生乐趣、体现价值。

虽然纯情感或纯理性的支配不可能令欲望产生实质性超越，但欲望在超越中确实存在以情感或理性起主导作用的现象。中国历史上，两千多年的封建社会曾出现过多次盛世景象，其中以汉朝的"文景之治"、唐朝的"贞观之治"和清朝的"康乾盛世"最为著名。这些盛世景象的出现，很大程度上与最高统治层的欲望超越有关。

一般来说，无论是个体还是团体，也无论在政治、经济、文化领域中属于哪个档次的人物，要进行欲望的超越必须具备四个方面的条件。这四个方面的条件分别是：①动力源——由目标和动机确定；②助超器——由所处的时代背景确定；③确定的超越对象；④有进行超越的具体实施。上述三个封建"盛世"中最高统治层欲望超越的动力源是同一性质的东西，都是统治者雄心勃勃、不甘平庸，有志于让自己的业绩和形象光耀历史，激励后世。就欲望的助超器而言，由于统治者的处境各异，其取向便各有不同。"文景之治"是以秦朝的惨痛教训为助超器的；"贞观之治"除以隋朝的短命教训为助超器之外，还有一个特殊的助超器，就是情感上的内疚和对历史舆论的担忧；"康乾盛世"除以明朝的灭亡和李自成队伍的败散教训为助超器之外，还有个特殊的助超器就是担心各民族的感情产生某些隔阂。至于超越的对象，首先被确定的就是已经被视为可作助超器的对象，然后再根据自己的实力在进行超越的时间和空间中随机确定。超越的具体实施灵活得很，不过始终离不开情感和理性的相交相融。就以打造"贞观之治"的最关键性人物中的唐太宗和魏徵两人的欲望超越为例，看看欲望的超越是如何在以理性与情感相交融的情况下展开的。

当年李世民发动"玄武门之变"，杀死了已定为太子的哥哥李建成和被封为齐王的弟弟李元吉，然后夺得了太子位。这种手足无情、骨肉相残之事，虽然出于他与哥哥李建成因权力之争而结怨，且李建成伙同李元吉对他累有谋害之举的非常情况之下，但处在以情感道德为立国之本的封建社会，李世民尽管最终获胜，而内心深处却有难以言喻的情感愧疚和良心责难。面对窘境，身经百战、具有多方面能耐的李世民终于找到了解脱的方法。他懂得特殊时刻要用特殊的办法来整理并聚拢人们的欲望，更懂得关键时刻只有实行欲望的超越才能让自己和天下人的心理都达到平衡。于是，他决定从情感入手，最终达到欲望的超越。他做到了①以将功赎罪、造福天下为动力源；②用情感上的内疚和对自我在社会上、历史中的定位为助推器；③确定以现实中的自我和过去的兄弟乃至历史上的圣君明帝为超越对象；④实施方案上从改革弊政，以法治国着手。

就在唐太宗李世民准备实行欲望超越时，曾在李建成手下尽心而事、以能而功，甚至敢公开与李世民为敌的魏徵，也正凭着自己"好读书，多所通涉"（语出《旧唐书·魏徵传》）的功底和鉴于自己几易主人、数次跳槽的阅历，仗着自己"属意纵横之说"的本领，悉心琢磨着如何让欲望平安置换抑或是升华与超越。终于，聪明的魏徵找到的是与李世民同样的方法，即在情感上以大代小、以公代私、以道德代恩怨。在魏徵看来，唯有如此方可免祸，方可找到新的活路。于是，他毅然将原来的那种利旧主、利自我之欲置换并超越为利新主之欲、利天下之欲。所以，当以胜利者的身份召见魏徵时，李世民指责他说："你这个人，当年为何明目张胆地离间我们兄弟感情？"魏徵不卑不亢地回答："人各为其主。如果太子早听信了我的建议，就不会遭到今天这样的下场了。我忠于太子是没有错的，当年管仲不是还射中齐桓公的带钩吗？"面对这看似毫无悔过、反而义正词严的魏徵，李世民居然"为之敛容，厚加礼异，擢拜谏议大夫，数引之卧内，访以政术"。

其实，魏徵用李建成的不明智和历史上早有兄弟争权的先例减轻了唐太宗在情感或道德上的负罪感，并向唐太宗暗示自己可效法管仲。魏徵深知，"玄武门之变"后李世民登上太子位准备做皇帝时的临场欲望中正急需有人为他在情感道德上"洗澡"，在政治舞台上"美容"，而这两种角色魏徵觉得自己完全有能力胜任。

有了情感上的默契，君臣双方的欲望置换或超越便显得格外的自然和顺利。

要说唐太宗和魏徵在打造"贞观之治"的过程中曾成功地实现过

欲望的超越，那么他们超越的理论依据便是那种由魏徵提出的、经唐太宗认可的"忠臣"与"良臣"的区别。他们认为"忠臣"与"良臣"的本质区别是：能辅助君主开创盛世、享誉天下，同时也让自己获得美名、享受实惠、荫布子孙后代的臣子是"良臣"；自己将遭杀身之祸，又让君主背上陷害忠臣的恶名，令君臣之家甚至是普天之下都遭受损失，自己在历史上只留下空名的臣子是"忠臣"。这简单而实在的"忠臣"与"良臣"划分理论，使唐太宗和魏徵的欲望由一般性的置换型超越进入以情感升华为主导的高层次超越。

为了双方欲望的配合性超越，精明的魏徵竭尽全力把李世民推上圣君之路，从而为自己做良臣拓宽空间。他利用所有机会鼓动唐太宗效法尧舜，走圣君明帝之路。唐太宗曾多次表白："朕所好者，唯尧舜、周孔之道……失之则死，不可暂无耳。"当然，欲望的超越并不能轻松地一步到位，对此，李世民体会最深。他说："人言天子至尊，无所畏惮。朕则不然，上畏皇天之监临，下惮群臣之瞻仰，兢兢业业，犹恐不合天意，未副人望。"就这样，在欲望和情感上不愿一味地做"忠臣"，也没有资格再做"忠臣"的魏徵便超越"忠臣"，以"良臣"的姿态与身份成功地帮助唐太宗走上了一代明君之路。

人品没有天生的优劣，能向善者为优；欲望也没有自然的贵贱，可超越者为贵。唐太宗和魏徵的欲望超越影响了全社会，从而打造出了名扬中外的"贞观之治"。盛世给百姓带来了空前的实惠，给民族留下了宝贵的物质和精神财富。与此同时，他们自己也在中国乃至世界历史上留下了美名。

侧重以情感为主导的欲望超越，终究会因情感的波动而引发情绪的躁动，留下某些感情上的裂痕。魏徵过世后，唐太宗由于某种原因而砸毁过魏徵的墓碑，就是这方面的见证。这不是贬低唐太宗和魏徵实现欲望超越的价值，而是要说明在封建社会中人的欲望超越必然会受到情感道德的制约。由此可见，只有以理性为主导同时又辅之以情感的欲望超越，才能经得起世俗和历史的各种考验，才能为世界的美好绽放出更加祥和的光芒。

以理性为主导而体现出的欲望超越，不似一般的欲望置换那样庸俗，也不像以情感为"引擎"而产生的欲望超越那样多少带点虚荣。理性化的欲望超越，是以人的情感和理性修养以及社会的理性氛围为基础的。就一个国家而言，教育的发达，科学文化水平的不断进步，民主和法制的健全，政治制度的优越，经济实力的日益增强等都是让政府和国民的欲望产生理性超越不可或缺的条件。所以说，民众要幸福，国家要富强，少不得方方面面的欲望超越，而欲望的超越又少不得情感的笃厚和理性的通畅。

欲望没有绝对的升华，更没有绝对的超越。一切脱离生活实际的升华与超越，都不值得讨论。

第五章 欲望的空间理念

生活中的人都具有社会性。马克思主义者认为:"人的本质是一切社会关系的总和。"人的生存与生活离不开空间,人的欲望、情感和理性都会有自己的空间。欲望的空间理念具有多方面的内容。其中,对空间的需要以及空间防患意识、质量意识、涉外意识、构建意识等都是很重要的。

第一节 空间理念的主要特点

一、欲望需要空间

如果用只有鸟儿身体大小的笼子把鸟儿关起来,鸟儿就会被困坏;如果把鱼儿卡在一个全部空间只能容得下其躯体的水槽中,鱼儿很快就会被闷死;如果人们被挤在一个连呼吸都很困难的车厢内,大家都会烦躁不安。可见,空间对于生命的存在是多么重要。同样,人们欲望中的空间也很重要。所以,就像所有动物都会努力追求生存空间一样,人们都会追求自己欲望的空间。

中国传统的人居学很讲究空间优势,强调周边不能有令人不舒服的地形地貌存在。剔除江湖术士故意披于其上的迷信色彩不论,良好的选址建宅方法可使空气畅通、冬暖夏凉,其空间是很适宜人类居住的。

人的欲望空间理念和传统人居的空间理念有类似之处。首先,人的欲望无论是哪个方面的内容必须像住宅一样有个定型过程,而且要定型就先要对空间进行选择。也就是说,人活在这个世上想得到什么、享受什么、表现什么……都要有具体的欲望造型。然后,各人根据欲望的造型特点去追求空间的大小及其应有的位置。

生活中，有人热衷于到某地去旅游，这是因为他对所向往的地方还不是很了解。他欲望中对那个地方充满着想象，要用想象中的情境来迎合自己的愿望。有人非法地拼命捞钱，是因为想用金钱来把他的欲望空间装点得五光十色、富丽堂皇。

一个人开始爱上一个异性，这种爱并不一定来源于他对所爱对象的全面了解，而是对方的某个优点把他（她）引入了美好的欲望想象空间。因此，通过联想，对方的形象在欲望虚构着的美好空间显得格外迷人。所以，人们说初始的爱情是欲望的空间让彼此发挥了美好想象的结果；成熟的、久经考验的爱情则是在欲望的空间中相互都塑造了美好形象，并且已有的形象又引发着无限幻想的结果。

教育之所以越来越受尊重，是因为教育重在指导和启发人们在欲望的空间如何为自身的发展和人类的幸福而不断地完善自我，进而展开想象、发挥潜能、投入创造。

古往今来，明智的人拥有欲望空间的热情不会亚于对物质和权力拥有的热情；敬业者对欲望空间的欣赏也不会亚于对时间的向往，甚至有时宁愿牺牲时间而致力于维持欲望空间。

在国家能有始有终地为公民的欲望扶正祛邪、惩恶扬善的前提下，人们拥有了欲望的空间才能更好地显示出生命的活力，才能创造出理想的物质文明和精神文明。

二、欲望对自我空间具有强烈的敏感性和防患意识

（一）敏感性

无论个体、群体，都有自己的欲望空间。欲望的空间因欲望的产生和实施而形成，并且处于不断的变化之中。

在讨论欲望的基本类型时，前文分别用几何图形中的点、线、面、体以及它们的组合体分别比喻欲望的各种类型。现在，继续用几何学中的一些原理来分析人们欲望空间的某些特点。

借用几何学来分析人的欲望，其最大的特征是，欲望从产生到开始实施，这过程中的形象好比是平面几何中的点、线、面、体。一旦投入具体的实施，欲望便似物体模型在运转。更重要的是，这种处在

第五章 欲望的空间理念

运转中的欲望也像物体模型在空间运转一样有形态、大小、位置等方面的显示。

由于欲望是直接为人的生理和心理服务的，又是生理和心理上主要责任和义务的承担者，所以在运转中具有很强的敏感性和防患意识。

一旦投入具体的实施运转，欲望对同一空间的诸同类的运转就会密切关注，并做出敏感的反应。

就像人在生活中最关注的是生命安全及其价值的取得一样，欲望在空间运行时最关注的是运行的良好和运行价值的取得。所以，在具体的实施中，欲望对来自周边环境的威胁，特别是同类的干扰、排挤或替代等隐患，会反应得特别敏感和强烈。个人是这样，群体也是这样。

"二战"结束后，苏联的一个国庆节前夕，斯大林因身体欠佳不方便骑高头大马在国庆活动中检阅部队，就委派朱可夫代替他对部队进行检阅。

根据程序安排，活动开始前，领袖（斯大林）先要和所有参加检阅的高级军官一起合影留念。恰巧，在各项准备都已做好时，斯大林因为要接电话，不得不让大家再等一会。可就在这需要再等一会儿的间歇中，朱可夫提议大家靠拢些，先拍个镜头权作留念。这样一来，朱可夫便站在原来只有斯大林才能站的位置上。

朱可夫在合影时的不经意之举，绝不会引起国内外舆论的关注，但对于斯大林来说，难免是个遗憾。在当时的苏联，清洗运动大行其道，这就注定了朱可夫命运中的灾难。

历史和现实生活总是那样提醒人们：当理性得不到充分体现的时候，欲望世界因运行秩序的混乱，使得欲望与欲望相互干扰和碰撞的事时有发生。国家和政府应该特别重视让全体公民的欲望按理性的标准进行筛选并投入实施。注意到这两点，人们便能更好地认识和理解欲望的空间敏感性。

（二）防患意识

保护自己的欲望空间，随时警惕外界势力对自己的欲望空间产生威胁，这是正常人都会具备的一种意识。

大到国家与国家的疆域定界，小到两个儿童坐在同一条凳子上因发生纠纷而在凳板中间画出界线，都是人类重视自我空间的具体表现。

男女爱情上的海誓山盟或相互监督，都是为了给自己或对方形成一种爱情欲望空间上的安全感。

封建社会的帝王将相，很多都是欲望上的自私者。他们不知有过多少龙酒凤肉之类的奢侈，所追求的无非就是享受和炫耀自己欲望空间的舒适与高档。

在封建社会统治阶级内部，特别是在皇室内部，欲望空间上的相互攀比与较量也常令最高统治者胆战心寒。鉴于历朝女人专权则心狠手毒、祸事不断，尤其是汉朝吕雉皇后在高祖刘邦死后手握"绝对权力"祸及朝廷上下的教训，汉武帝刘彻做出了一个重要决定，即"子为储君，母当赐死"。意思是一旦确定了皇太子，其生母就必须去死。这就是中国历史上有名的汉武帝定律。

汉武帝的"子为储君，母当赐死"之所以被人奉为定律，关键就是因为封建社会女人地位低下，长期的压抑使她们得势后所采用的手段更缺乏理性和丧失人情味。这不是人们的随意猜测，而是得到许多事实印证的教训，如唐朝的武则天和清末的慈禧等。

武则天为了给自己争取政治欲望上的空间，先后害死亲属二十余人，文臣、武将近百人。为了自己欲望空间的稳定，"在武则天心里，屠杀就是伟大，就是权威"（林语堂言）。

清末的慈禧太后因认为变法最终会威胁自己的欲望空间，动摇自己的权力根基，于是残忍地砍下维新派六君子的头颅，扼杀新政，并把光绪皇帝囚禁起来。自此之后，只要发现有对自己欲望空间造成不利影响的言论和行为，慈禧就会狂怒，就会任意杀人。

以上对武则天和慈禧太后两个女人欲望上的贪权、图利、排他、害人等行为展开了一些议论,是为了表明防患意识的所在,说明欲望空间的防患意识容易过敏,而且欲望空间防患意识的过于敏感或强烈将导致在防患手段上的残忍和极端,而不是对女性掌握管理权的否定。

社会的进步,让人们逐步认识到客观规律的不可抗拒;生活的深入会使欲望因利益而演进。前者因规律而使人们各守其道,不任意改变其形态、大小和位置;后者常因利益而使人们各行其是,随时可能会变换自己的表达方式、实施标准和活动范围。

在以人治为主的封建社会,那些局限于感情上的防患意识很难在欲望的实际运转中持之以恒,因为欲望与感情总是相辅相成,而且这种相辅相成既是自我欲望的存在,也是社会欲望在人与人之间相互影响的结果。

欲望的失控、情感的泛滥,令人在欲望的结构性空间和实施性空间都容易丧失防患意识。欲望上的膨胀或伪装,感情上的缠绵或欺骗,都让本属于被防对象的人赢得了跳出被防之圈的机会。于是,防患者和被防对象的欲望就会在同一个空间形成矛盾,出现混乱。

只有情感和理性的同时到位并相互默契,才能有效地让人在欲望的空间不断增强并善化防患意识。

三、欲望空间的种种迹象

欲望空间的形成很大程度上对应着人们在全部生存和生活环境中体现出来的种种迹象。例如,人们欲望空间(含欲望的内容、类型、实施方案等)质量的优劣与其居所等各方面环境的整理、净化关系是非常密切的,一个善于爱护、治理、优化物质环境的人肯定会有利于他产生和形成良好的欲望空间。更重要的是,如果能做到既善于优化自己的物质环境,又善于优化自己的精神环境,那么他必定是个良好欲望空间的拥有者,必定会是欲望空间良性效应的享受者。

小学高年级语文教材中有一篇《一夜的工作》的课文,讲的是周恩来总理工作中不辞劳苦、严肃认真,生活中艰苦朴素、井井有条。其中有一个细节是写周总理把何其芳不经意间带歪的小转椅扶正。有学生认为，课文标题明明是"一夜的工作"，把椅子摆正的细节与工作上的关系并不大，可以不写。面对小学生的不理解，教师一般是告诉学生：写这个细节是为了体现周总理一丝不苟的工作作风和生活作风。而笔者认为，从欲望的空间理念上可以看出：正是那种讲究整齐有序的细节性举动，体现了周恩来总理襟怀的纯洁、宽敞与庄严。他老人家之所以那样不辞劳累、严肃认真地工作，是因为他的所思所想是祖国和人民的利益。为了不辜负祖国和人民的期望，他每时每刻都在以祖国和人民的利益为标准，严格审视自己的一言一行，注重让自己的行为与人民的愿望、国家的理想高度统一。

"考查一个人能否从事管理工作，有一个很简单的办法就是看他的住所、办公室的情况怎样。如果这些地方他能治理得很好，那他至少会是个办事认真的人。"这是有识人经验的领导者普遍认可的理念。

此外，人的情感空间的优劣对欲望空间的质量好坏也有至关重要的影响。因为人具有社会属性，有了美好的情感空间，情商就会有助于欲望空间的完善，在形成和实施过程中就会更富有理性。

相对于欲望空间而言，情感的作用就是为欲望的实施营造一种和谐的氛围，理性的作用就是为欲望取得满意的效果和实现可持续发展而按客观规律办事。

在我国改革开放的几十年中，中央按照社会发展的一般规律，结合中国国情，制定了一系列正确的方针政策，使我国综合实力得到迅速发展。其中，允许一部分人先富起来的政策就是一个伟大创举。如今，那些先富起来的人有的正利用自己的优势为祖国、为人民出力，推动国家发展，带领大众致富；有的在现有的优势中，进一步夯实基础，以备为国家的更大发展显示才干、展现魅力。这都是先富者欲望空间充满阳光的表现，也是国家和人民"允许"与"让"的初衷。

令人遗憾的是，一些腐败分子利用手中的权力，大搞权钱交易，以权谋私。其欲望空间的阴暗与脏乱，行为之无聊及可耻，实在于情于理于法所不容。

  知识的传播，技能的培养，理性的提高，科学的发达，国家综合实力的增强等都有赖于欲望实施空间的优化。同时，这些方面的成功又能不断改善欲望实施空间。

第二节　历史与现实中的一些启示

在人类的欲望世界中，个体、群体乃至一些国际性组织，其欲望都有各自的空间。各种欲望空间的产生、运转和不断地发展、变化，加上空间与空间的摩擦、碰撞以及所有的关联，虽然常常让人觉得眼花缭乱甚至令人惊心动魄，但若能冷静观察并仔细分析，便会让人得到很多启示，从而用欲望空间运转中的一些基本原理指导欲望的实施，达到预想的目的乃至人生的美好。

来自欲望空间的启示不胜枚举，下面我们略谈几点，以图重视欲望空间的一般特点及其质量问题。

一、欲望空间的优劣决定事业的成败

兵书云："上下同欲者胜。"所谓"上下同欲"就是官兵们的欲望可以在同一个空间产生联合，并通过联合让集体的欲望空间在形态、大小、位置和质量上都更有利于每一个体欲望的实施。有了"上下同欲"做前提，则个人的事就是团体的事，团体的事就是个人的事，于是，胜利就在等待上下同欲者去获取。

曾国藩组建湘军时尽可能让士兵的来源具有乡连乡、亲连亲、族连族的特点。其道理是，这样有利于士兵们在欲望空间上相互联通，有了这种联通，湘军欲望空间就会凝成一气，范围就会得到扩大，位置就会朝着有利的方向发展，质量就会因内部欲望的统一而容易按领导者的意志得以提高。

曾国藩不仅用独特的组建方式为官兵们的欲望打造一个和谐得体的空间，而且使全军在与太平军的反复较量中逐渐认识到：要让湘军取得战争的胜利，就必须上下一心、有一个共同的奔头。因此，他对官兵设立了多种形式的奖励，而且还注意多渠道地与将士们沟通，从精神上对大家进行鼓励。所有措施的采用，就是要让湘军的全体官兵抱定一个目标——消灭太平军。他的努力没有白费，湘军全体将士在封建功利主义思想的刺激下，满怀信心地将个人欲望的空间与团体的欲望空间统一起来，形成强有力的欲望实体。

作为封建社会官场上的佼佼者，曾国藩掌握了欲望的普遍特点，利用封建道德作为"正统"理念，将湘军将士的欲望空间联合起来，并尽可能地"优化"，然后又用各方面的诱因对将士们的欲望进行引导与激发，令他们以"屡败屡战"的勇气拼命地追求欲望的实现。他看透了欲望在实施中的向利性，运用了欲望的可合性，发挥了欲望的可优化性，为湘军构建了一个充满希望、便于行动的空间。因此，他成功了！

然而，对比之下，太平天国革命的领袖洪秀全对社会的了解，特别是对欲望空间的认识和把握，却要逊色得多。

洪秀全用外国宗教理论做指导发动太平天国运动，这本身就有违宗教的本质意义，更不符合人类欲望的发展实际，因为那种宗教理念脱离现实，不能涵盖人类的生活实际。

欲望一经产生和形成就会追求所需要的空间。一旦投入具体的实施，欲望的空间就有两个方面的含义：其一，本身的结构性空间，因为欲望在实施运行中不是平面式的移动，而是立体式的运转；其二，运转中的空间，这个空间包含欲望在实施过程中所要涉及的方方面面。欲望的实施秩序和实施效果取决于本身结构性空间和运转时所涉及空间的双重质量。欲望的两类空间都有显示优势的时候，而且这两类空间始终会处在相互影响之中。

无论是个体还是群体，要让自己的事业稳步发展、取得成功，就必须在恒稳地让自己的欲望空间纯洁公正的同时，还要不懈地为大众欲望空间的井然有序、健康美好而尽心尽力。

二、欲望空间关系上最重要的两个问题

人人都希望自己是自我欲望空间的建构者、经营者。

无论是个体还是群体，欲望的空间一旦形成，就要对其进行不断的筹划和管理。欲望空间关系上的正确对待和处理，是对欲望空间进行筹划和管理的重中之重。无论是从欲望的内容结构上讲，还是从欲望的实施上讲，准确分析和判断自我欲望与他方（个人或群体）欲望在空间上的易合与难合、可合或不可合的利害关系，谨慎地把握和处理好自我欲望与周边各事物的距离，是欲望空间的两个关键点。

（一）关于欲望空间上的易合与难合或可合与不可合

笔者在第二章曾用几何图形说明过一个意思，就是人类的单个体或团体，其欲望从产生到成熟，再到具体实施，整个过程像是从点、线开始再到平面图形、立体图形，然后到图形在空间运转那样逐步而行。

现在仍然用点、线、平面图形、立体图形在空间运转的基本特征来比喻欲望空间上的"合"，即易合与难合、可合与不可合。

甲和乙是好朋友，而且都是生意场上的热心人。一天，甲对乙说："咱们来合伙做个生意行吗？""行。"凭着已有的交情，乙爽快地回答，接着又充满热情地问："做什么生意？"甲说："我想，我们在镇上的西街开个南杂批发店，肯定有赚头。"乙郑重地说："你仔细考虑过吗？只要是你仔细考虑过，我看我们可以再仔细地分析分析，然后具体地商量商量有关合伙的细节问题。"

一个月后，他们的南杂批发店开张了，这一系列的筹划和劳作让他们又一次体会到了把理想变为现实的辛苦和快乐。

正式营业的头一段日子，他们什么都很随和。情感的友好，让双方的获利欲望无论是在结构上还是实施上都能同空间、共运转，或者叫"同呼吸、共命运"。

大约三个月后，面对较为"红火"的生意，他们开始计较各自的得失，开始得意地评估自我。当觉得自己吃了亏的时候，各自都借店铺中的某些经营不善现象发发牢骚。虽然没有什么大的冲突，但发生些小口角是不可避免的。

好在他们做人都比较理智，都能认识到单靠感情是无法管好欲望的，因为感情很多时候会出现凭感觉而产生情绪冲动，容易把简单的事情复杂化。通过沟通，他们坚信只有理性才能持之以恒地让欲望的结构保持合理，让欲望的运行井然有序，才能构建良好的欲望空间。于是，他们把"亲兄弟明算账"这句中国老话所蕴含的哲理奉为信

第五章 欲望的空间理念

条,逐步完善了经营管理制度,并做到互相监督,各自按制度行事。

后来,他们的生意越做越好。两年后,他们与至亲好友一道,以三股合一的模式开了一家超市。

从上述事例中可以看出,欲望的"合"是分档次的,即首先是产生意象的"合"——点式的"合";上一个档次是确定意向的"合"——线式的"合";再上一个档次是行动的"合"——平面式的"合";最高档次的合是恒稳地进入全面实施的"合"——立体式组合和立体式运转的"合"。当合的意义和程度处在点和线式档次时,参与合的各方一般不会有大的意见分歧,一旦合的档次进入平面式以后,产生意见分歧的可能性就会逐渐出现,而最容易产生分歧的是立体式合作进入实施阶段之后。

在开南杂批发店的合作过程中,甲乙两人刚产生话题是点式的合,正式商量开店的事是线式的合,开始做各项准备工作是平面式的合,正式营业到进入合理化的经营是立体式的合。

合的难易度由档次的高低来确定,档次越低,"合"就越易;档次越高,"合"就越难。因为欲望的立体式之合,既是形体结构上的合,又是运转模式上的合,所以这种合的难度相当大。

在了解欲望"易合"、"难合"的基础上,不妨再分析一下欲望在空间上的可合与不可合。

分析欲望在空间上的可合与不可合必然涉及欲望的内容、形式、结构等多个方面。这里仅就内容上的可合与否谈点看法。

第一章已把欲望的内容分为生存、获取、享受、表现和发展五大类。从空间观念上讲,在与外界的欲望相关联、同运转时,这五个方面的欲望都存在可合和不可合的情形。

有必要强调一下,空间上的"合"与"同"是两回事。合,是指合到一起、凑到一块;同,是指两个或两个以上的欲望个体在空间结构上的相同,也可以指欲望在同一个空间实施。

在欲望的五大内容中,生存欲望上的合,要由物质资源以及生存环境来保证。假若物质资源的数量和质量都有保障,生存环境也稳定，那么，人们生存的空间观念就会相类似，生存活动也可在同一空间展开，这种情况下欲望就可融合。如果资源短缺、环境不稳定，就会令人与人或团体与团体之间在生存的空间上产生各种各样的矛盾，在此情况下，欲望就难以合甚至不可同空间。

国家的产生和发展，在很大程度上就是为了保护公民有稳定、安全、和谐的生存空间，就是为公民不断拓展、优化自己的生存空间而形成统一意志，从而产生强大合力。

在判断可合与不可合的过程中，要特别谨慎的是：①就自我欲望的结构性空间而言，当事者要反复审视自我方面的虚实、大小、优劣；②当认为可与他方进行合的时候，还要慎重考虑合的范围、方式、时间等方面的细节问题；③如果某些硬性条件或很可能产生的变化，明显让人觉得不可合，那就不必太固执、太感情用事。

不少人都有过这样的体验：今天之"我"与昨天之"我"在欲望的空间上常常出现相悖相离的情形。因此，对于外界空间上的可合与不可合，人们要以平常心对待。

"可与人共患难，不可与人同安乐。"这是欲望空间可合与不可合最值得借鉴的经验。所以，在享受和表现这两个方面，大部分人都忌讳与外人同空间。

欲望的发展性空间也如欲望的获取性空间一样，有较明显的可合性。如果原始社会的围猎、阶级社会国家的构建等是人们欲望在获取性空间的一种合，那么人类各种文化的形成便可以说是人们欲望在发展性空间中的一种合。在发展性空间的组合中，意境型的欲望可合性更强，所以生活中的许多理念很容易在人群中备受推崇。

欲望在空间上的"可合"与"不可合"都没有固定的判断标准，因为有些是今天不可合，明天却可合；有些是此处不可合，别处却可合；有些是明处不可合，暗处却可合；又有些是强暴不可合，温柔却可合；还有些是以情不能合，用理却可合；等等。

（二）关于欲望在空间运行的距离问题

欲望的空间有两种含义：一是自我结构性的空间，二是实施运转

第五章 欲望的空间理念

上的空间。所以，我们讨论欲望在空间的距离也至少要从两方面考虑，一方面是根据欲望的结构性考虑自我欲望所占用的空间与外界相关欲望所占用空间的距离（以叙述静止状态下的距离为主）；另一方面，根据欲望在实施中的立体性特点来考虑运转中的自我欲望与所在空间中各种相关的、运动的欲望实体的关系。

善于观察和体验生活的人很容易发现一种现象，那就是当人们拥挤在一个窄小空间的时候，大家都会尽可能地把视线向上、向下或向某一特定的地方转移，以避开近距离地接触他人的视线。例如，乘电梯的时候，面对着拥挤的场面，人们大多会把视线集中到楼层数字上的显示。为什么是这样呢？研究者认为这是私人空间原理的显示。所谓私人空间原理，是指在人们身体周围的某种空间里，一旦有人闯入，就会感觉不舒服、不自在，因为人们对自己的私人空间有着本能性的保护意识。

即使是在同一个人身上，与私人空间相比较，欲望空间显得更加不容侵犯，因为欲望空间具有静和动的双重模式，在一般情况下，人都是先有欲望空间的存在然后才出现私人空间的构建。

人在欲望的空间中，最容易出现"意有所至而爱有所亡"（《庄子·人间世》）。任何一个人都有自己的意志，他爱好那一点、专注那一点的时候，往往难以改变他。此外，欲望空间还特别重视自身结构上的隐蔽和位置上的优越。

人们在欲望空间上的"意有所至而爱有所亡"，随时都可能造成人与人难以相处的局面。例如，某些人明明知道别人是为他着想，但他另有所图时，则往往忽略别人的好意；某些时候，不管别人出于什么心态，也不管别的意见是对是错、是好是坏，一旦提出，就犯了他那欲望空间中的忌讳……因此，人们不断地认识到在欲望的空间关系上要具备一种智慧，那就是要谨慎审视，以保持自我欲望空间和外界欲望空间的距离。

生活中，有的人有窥探别人欲望空间的怪癖，而享有欲望空间优势的人也很容易狂妄自大，这些也常常使人与人之间的关系造成别扭、产生隔阂。所以，生活中不要随便打探别人的隐私，而要理解和尊重他人的个人空间，稳重机智地处理好自己与他人的关系，这都是妥善对待欲望空间距离的需要。

人与人相处要学学燕子的智慧，人与人合作要借鉴豪猪的哲学。

在看到围着茅屋飞进飞出的燕子时，庄子曾经说过：鸟都怕人，所以巢居深山、高树，以免受到伤害。但燕子特别，它就住在人家的屋梁上，却没人去害它，这便是处世的大智慧。

豪猪身上的"毛"硬而尖，天气寒冷的时候，它们会聚在一起，互相依靠，借彼此的身体取暖。可是，当过于靠近时，身上的毛尖就会刺痛对方，它们便会立即分开，分开后，遇到寒冷它们又会聚在一起，因为刺痛又分开，如此反复多次，最后它们终于找到了彼此间的最佳距离——在最轻的疼痛下得到最大的温暖。

历史上那些圣明的君主都精于限制也善于尊重和保护臣下与老百姓的欲望空间。这当中最关键的问题就是，作为君主，他们能确定好各方面欲望空间的位置、大小及距离。中国封建帝王中的宋太祖赵匡胤、元太祖成吉思汗等是这方面的典范。

当今世界，人们都很崇尚道德、尊重法律，是因为唯有将道德和法律并举才能让社会秩序得以规范。

距离，尤其是欲望空间上的距离，时刻需要谨慎对待，永远值得悉心关注。

第三节　构建欲望空间的基本方法

科学的进步、社会的发展，会让人们越来越深刻地认识到人类及其任何个体和群体都必须构建良好的欲望空间。

人类社会的一切文明成果都是在良好的欲望和情感空间中产生和发展起来的。世界上能为全人类的和平事业做出贡献的国家、团体或个人都必定有良好的欲望空间观念。民族的振兴、国家的富强、家庭的兴旺、人生的辉煌都离不开自我和社会欲望空间的环境条件；而所有不文明行为的出现，也都与欲望的主体因素和环境条件相关联。

怎样才能构建良好的欲望空间呢？有关这方面的问题，曾有不少积极的讨论。笔者在此不揣冒昧，以"野人献曝之诚"来谈谈关于构建良好欲望空间的方法，以作为讨论之资。

一、自我欲望空间的构建原理

"在古代世界有'七大奇迹'，埃及的金字塔被誉为'七大奇迹'之冠，其中最为壮观的一座叫库孚（胡夫）金字塔。它建于公元前2600年左右，高约146.5米；塔基每边长232米，绕一周约1000米；塔身用230万块巨石砌成，平均每块重2.5吨，石块之间不用任何粘着物，而由石与石相互叠合而成，人们很难用一把锋利的刀插入石块之间的缝隙。时近5000年，经历了多少个世纪的风风雨雨，它仍傲视长空，巍峨壮观，令人赞叹。"

"库孚大金字塔耸立于开罗以西10公里外的吉萨高原。那儿荒砂遍地、碎石裸露，是一片不毛之地。在这种地方修筑这样一座显然并非出于实用目的的建筑，设计者的目的究竟是什么？据研究，这座金字塔可以在风沙弥漫中，继续存在10万年而不会损坏……"（《世界全史》，光明日报出版社）。

面对难以寻觅的建塔人、空无一物的墓室、可以复活的木乃伊、神秘的阴暗甬道、神奇的密室、奇怪的三维神殿等，建筑师可叹其设计之精湛，文学家可构思其神奇故事……可谓智者见智、仁者见仁。

作为人类欲望的研究者，笔者从中受到的启示是，金字塔的构造特点是不是在告诫人类：①要想稳当而长久地存在，个体和团体都必须根据自我的实际，构建好或大或小的欲望空间；②欲望自我结构性空间的形态就好像金字塔，因为这样的造型最有利于稳定和持久；③团队特别是国家和国际性组织，要构建金字塔型的欲望空间就必须善于妥协（石块与石块般的妥协、塔面与塔面般的妥协）。妥协的主要原则是：第一，全体参与妥协者都必须像垒成金字塔的石块一样先进行严格的自我修炼，接受大局所订的规格和要求；第二，妥协完全出于自觉自愿，相互之间"不用任何粘着物"，而且要妥协得融为一体——"人们很难用一把锋利的刀片插入石块之间的缝隙"；第三，除了个体与个体之间的妥协之外，更重要的是还要有整体结构和造型上的妥协准则，准则象征着"理"，按准则行事就是一种"理性"；第四，以达到欲望空间更稳定、更耐久、更强大、更壮观、更具尊严和神秘感为目的的妥协是环境型欲望和至善型欲望的一种实施，而绝不是欲望的将就或软弱。

二、群体欲望运行空间的构建方法

如果金字塔的构建可喻为人类欲望实体的结构性特点，那么远古还有可喻为人类欲望空间运行规则的建造物吗？有，那就是怪诞的人面狮身像。

在最大的库孚金字塔东侧，便是狮身人面像。古埃及的建筑师们是出于什么目的，基于何种信仰建造了那样一个由人面、狮身、牛尾、鹫翅组合而成的大石像？笔者想，可用它来比喻人类欲望在空间运行中应该重视如下一些问题：第一，人类必须承认自然空间是地球上所有生物的空间，作为地球上的万物之灵，人类应当尊重自然空间中的实际存在，对动植物都要一视同仁。第二，人类不能沾那"贪婪"二字。那种明知欲壑难填，还要无休止、不择手段地摄取，必遭天谴。第三，人类的欲望在大自然的空间运行，要特别谨慎保护自然环境。人类的能量消耗以及所有的环境污染，正在不断地给大自然空间的纯洁、安稳造成负面影响，如果人类欲望的运行总是无视自然界的规则，就一定会受到大自然的残酷报复。

　　以上的借喻和提示，就是希望人类的欲望不管是以何种形式运行，都必须爱惜大自然，遵循社会发展规律，在构建良好欲望空间时严格遵守两条原则：第一，在自我欲望空间的结构上要以安全和持久为原则，方法上要以善于妥协为要点；第二，无论个体还是团体，当自我欲望进入实施的空间后，在运行过程中必须尊重各方面的利益，以公正的原则、科学的态度面对和处理好一切事宜。

第六章　欲望·情感·理性

世界上最早把欲望、情感、理性确定为人性中三大要素的学者是古希腊大哲学家柏拉图。中国宋朝伦理学家朱熹、清朝哲学家戴震也曾有过这种观点。循着先哲们的这种理念，本章就欲望、情感、理性三者的关系略做分析。

第一节　概念阐述

中国有着源远流长的鼎文化。倘若我们用鼎来比喻人性，那么鼎的三足便可以分别象征人性中的欲望、情感、理性。就鼎而言，一旦其三足出现短缺，其功用就会受到不同程度的影响。就人性而言，如果欲望、情感、理性三者不能和谐统一，那么人的生活态度就难以端正，生活秩序就很难井然有序，生活意义也会被打折扣。因此，把欲望、情感、理性看成是人性中作用均衡的三要素，对全面而系统地分析人性是很有价值的。

关于欲望的概念，前文已阐述过多次。这里还要强调一下的便是欲望必须在与诱因的对应中才能形成状态，才能归之于意象，再确定出意向，然后产生动机。此外，欲望的具体内容及其实施类型的不断变换，要求人们在分析和理解欲望的概念时要力求把握其内涵。

情感，是受外界刺激而产生的心理反应。这里刺激的意思是内因与外因作用于感觉器官的过程。具体一点说，情感是指这样一种心理反应，当人受到外界刺激时，首先会在内心产生喜欢、愤恨、悲哀、快乐、恐惧、爱慕、厌恶等感情色彩。然后，对于感到满意能再现快乐者，就希望它继续绵延和扩大；对于感到不满意特别是有厌恶和痛恨感的事物，就希望它立即停止与消失。

像欲望必须对应于诱因才可具备其实质性内涵一样，情感必须基于现实物质和现象对感觉器官的作用方能显示其存在。同时，情感也是多方面、多层次的。一般而言，情感可分为个体情感和群体情感，感性情感与理性情感，道德情感、自然情感以及审美情感等。此外，若从态度上论，则有消极情感和积极情感等。总之，情感五花八门、种类繁多，站在不同的角度就可以进行不同的分类。

理性的概念很不一般，起码应包括三层意思：一是与感性相对应属于判断、推理等形式的思维活动，是人的认识过程的高级阶段；二是指从理智上控制行为的能力；三是自然界和人类社会的发展规律对人脑形成的积极影响。就人类的某一个体而言，理性是一种良好的处世品质，包括理智地投入思考、善意地表现行为、虔诚地探索和驾驭客观规律，以及自觉地为人类物质文明和精神文明做出奉献等方面的态度和能耐。

人类理性的形成具有多种因素，就主观性而言，与个体的道德水准、学识修养、处事能力相关联；就其客观性而言，与事物发生的时间、地点及性质相关联。理性行为不仅是让心理达到平衡的隐形力量而且是实现欲望的积极表现。物竞天择、适者生存，理性是个体乃至群体参与竞争和适应社会发展的必备条件。

第二节 源头初探

欲望、情感、理性虽然都发自人的意识范畴，但这三者各有各的产生原因。在正常情况下，欲望产生于感觉，情感起于知觉，理性源于悟性。欲望的感觉对象可以是物质的，也可以是精神的；情感的知觉过程可以是对欲望的认识过程，也可以是对自我的体验和反省过程，还可以是对理性的向往过程；理性的感悟是以欲望的痕迹、情感的韵味为基础的。理性从悟性中来，是指理性是认识的高级过程，是自我调控、自我节制能力的具体发挥，是将自己通融于自然和社会进而形成对社会具有真、善、美感染力的一种境界。

人对客观事物的认识过程是先有感觉，再有知觉，然后才能凭记忆和思维而产生悟性；人性因素中是先有欲望，再有情感，然后凭回忆、分析、判断、推理等思维活动才产生理性。知觉加深感觉，悟性升华知觉，感觉又因悟性而改善质地；情感助生欲望，理性纯洁情感，欲望又因理性而得以规范。有感觉的良好，未必会有知觉的如意；有知觉的如意，也未必会有悟性的飞跃。同样的道理，有欲望的满足，未必会有情感的快乐；有情感的快乐未必会有理性的行为。先有感觉，再有知觉，然后才有悟性，这是思维的三部曲，但没有固定不变的方程式；先有欲望，后有情感，然后才有理性，是个总格局，但也没有始终如一的启动程序。

在感觉、知觉、悟性的充实中，人的情感表现、意志发挥，可使个性得以体现出来。有了个性就会产生个性倾向，于是欲望便从本能型的层次演进到了自我型层次。由于社会性的作用，欲望进入自我型层次以后，乐观的情形应该是情感也随之而越来越丰富，理性也因而获得相应的提高。有了这样的基础，那么理想、世界观、兴趣、信念、动机等就会作为情感和理性的使者对欲望产生积极影响。当然，不管因为什么原因，假若心理上出现信心不足、方向不明、兴趣冷淡、动机不纯、世界观模糊等情况，那么理性化的程度就会很低，情感就会被悲观的情绪所代替，欲望就会怪状百出。

环境型欲望和至善型欲望当然更需要有深厚的情感基础和崇高的理性境界。只要弄清了欲望、情感和理性的最初来源，并掌握了三者相生、相助的基本规律，那么我们对欲望、情感、理性步入真、善、美境界的向往则会显得更加清晰。

还有一点值得注意，就是感觉与欲望、知觉与情感、思维与理性这类认知过程与人性要素的对应并不是一个固定不变的模式，人性中一旦欲望、情感、理性这三种要素都充满活力，则这三要素在认知过程中的生发情况就会产生多种变化。例如，欲望不但可能产生于感觉，而且还可能产生于知觉和一系列思维活动之中。情感与理性在认知过程中产生和发展的灵活性更大。

第三节　区别欲望与情感

在《现代汉语词典》中，对"欲"有四种解释，即欲望、想要、需要、将要。它既可作名词又可作动词，还可以作副词。如饮食之欲的"欲"是名词，意思是欲望；畅所欲言、从心所欲的"欲"是动词，意思是想要、希望；胆欲大、心欲小的"欲"也是动词，意思是需要；山雨欲来风满楼的"欲"是副词，意思是将要。

在儒家经典中，"欲"字出现得很频繁，但有些并不是作名词用、作欲望解。即使是作欲望解，大多数情况下也只是指那些缺乏理性约束的私欲，与人们生活中的正常欲望既有性质上的不同，又有程度上的差别。例如，"己所不欲，勿施于人"（《论语·卫灵公》），"己欲立而立人，己欲达而达人"（《论语·雍也》）。其中的"欲"就不是作名词解为欲望，而是作动词解作"需要"。而宋代理学中"存天理，灭人欲"的"欲"虽然是作名词解作欲望，但这种欲望只指私欲，是人性中的"恶"。此外，还有的"欲"是专指善性的，如孟子说"可欲之谓善"（《孟子·尽心下》）。当然，真正与现今所言的"欲"同样有感性意义的也有，如孟子强调"养心莫善于寡欲"（《孟子·尽心下》），只可惜儒家学者对人的欲望常持特别谨慎的态度，因而对这种带有普遍意义的欲望未有多方面和深层次的阐述。

就欲望与情感的关系而言，在清代戴震以前，儒家历来把情与欲定为纵向型关系。《礼记》中的《礼运》篇指出："何谓人情？喜、怒、哀、惧、爱、恶、欲七者，弗学而能。"这种对情感内容的解释，完全把欲望看成是情感的一种表现。荀子论欲也是从情感出发，主张先有情而后有欲。他说："性者天之就也。情者，性之质也。欲者，情之应也。"（《荀子·正名》）这里的"情之应"，即情感的应用、作用或实现。宋朝理学家朱熹认为"欲是情发出来底（的）"，强调情不仅是实现人性的，而且是决定欲望的。戴震虽然将情感与欲望的关系在纵向性的基础上增加横向性的分析，但终究还是将情与欲连为一体，没有从本质上将欲望与情感看成是两个并立的概念。

综上所说，可能是由于多方面的局限性，儒家传统观念中关于人的欲望理论相对于欲望在人性中的实际情况而言有三种带偏差性的不足：一是在概念上没有注重客观性和整体性；二是没有找准欲望的胎原，竟然一味地把欲望说成是由情感产生出来的；三是实际应用中常常把情感和欲望混为一谈。

由于人们受传统观念的影响较深，所以还得添加一个提醒：如果想对人性做较全面而深入的了解，有两点很重要：一是要把欲望放在与情感和理性并立的位置上，二是要客观、全面地对欲望进行分析和了解。

至于在人性中是情感产生了欲望还是欲望产生了情感的问题，笔者的看法是：如果从源头上说，则不是情感产生了欲望，而是欲望产生了情感，人类每一个体都是这样。假若只取人类或人类某一个体的生活片段而论，那么情感产生欲望的命题或许也可以成立。

很多实验证明，人和某些动物也可以建立情感。究其实质，是因为在与动物的相处中人给了它们某些欲望上的满足。试想，假若从来就没有给予动物某些欲望上的满足，动物会无缘无故地对人怀有友好之情吗？相信凡是与动物相处过的人都会有正确的答案，那就是"不会"。

蒙培元先生在他《情感与理性》一书的第二章《何谓真情实感》中介绍说，儒家认为："婴儿初生时的第一声啼哭，就是情感活动的萌芽，也是生命的诞生。"笔者认为，如果不把情感与欲望混为一谈的话，与其说婴儿初生时的第一声啼哭是情感活动的开始，倒不如说是欲望活动的开始。从医学观点上讲，婴儿一生下来就哭，一是由于从温暖熟悉的母胎内一下子来到外面的世界便会感到有多种不适，所以就用哭以达到与新环境适应和心理平衡。二是由于出生之前一直生活在羊水里，呼吸主要靠母亲血液中所含的氧气，而且那时的嗓子是闭合的。胎儿离开羊水后必须用肺呼吸，靠"哭"才能打开呼吸通道，才能继续呼吸，心脏才能继续跳动。这种"哭"看似是一种心理反应，其实是一种生命的本能冲动，是一种让呼吸欲望得到满足的行为表现。也就是说，这种哭是生理的需要，是一种本能型欲望获得满足的过程。人是靠欲望的满足来维持生命的，情感活动只不过是生命活力的体现。

婴儿生下来以后，对某些人或某些事物产生依恋和喜欢的情感，是因为某些人或某些事物给了他们生命本能型欲望的满足——主要体现在饮食欲和感官舒适欲的满足上。这说明，人生最初的情感是在欲望追求满足的过程中产生的。

爱情上的所谓"一见钟情"，词典上的解释是一见面就产生了爱情。其实，"情"没有这么简单，这一见钟情的"情"是代替"欲"而被用上的，应当是"一见钟欲"才符合实际。即一见面就觉得对方是自己欲望的诱因，诱因的引力让自己产生了一种想亲近、了解对方直至拥有对方的冲动。这种冲动是欲望，而不是情感。情感的产生是在人对这种冲动表示肯定或否定时才能被确定下来的。所以，爱情上的"一见钟情"的真实情况是"一见钟欲"。爱情是人们欲望产生冲动的一种结果。

亲情是人们建立在血缘关系或特殊交往与利益关系上的情感。就表面而言，血缘关系似乎可以直接确定亲情的存在。其实不然，因为除一部分血缘关系本身让人觉得是一种欲望满足从而有亲情的产生和存在之外，毫无物质或精神利益可言的血缘关系是很难让人产生亲情的，特别是那些令人有羞耻感的血缘关系，根本就不可能让人产生亲情。

友情是建立在朋友之间相互关心照顾、相互理解宽容和相互合作的基础上产生的某种自我超越感的情感。被关心、被照顾和被理解等，大多是生存欲望与获取欲望得到满足的一种表现。给予帮助、奉献爱心等，都是人们表现欲望的一种满足。通过与朋友交流从而产生自我超越的感觉，这是享受欲望和意境欲望的一种满足。由此可见，友情是多么的珍贵！

被儒家尊为"亚圣"的孟子提出过颇具影响力的"四端之情"。

他指出:"恻隐之心,仁之端也;羞恶之心,义之端也;辞让之心,礼之端也;是非之心,智之端也。"(《孟子·公孙丑上》)在这四端之中,恻隐之心(同情之心)是最重要的,是"四心"的根本。

在谈到恻隐之心时,孟子认为:"所以谓人皆有不忍人之心者,今人乍见孺子将入于井,皆有怵惕恻隐之心,非所以内交于孺子之父母也,非所以要誉于乡党朋友也,非恶其声而然也。"意思是说:如果某人忽然看到有小孩子快要掉到井里,都有同情心理,并会无条件地施以援手。这既不是为了和小孩子的父母攀交情,也不是为了在乡里朋友间博得声誉,更不是因为厌恶那小孩的哭声而这样。之所以这样做,是因为人皆有怜恤老幼之心。

蒙培元先生在其《情感与理性》一书的第八章专门分析了"四端"之情,认为"四端"之情是儒家关于道德情感的核心内容,也是儒学的主要话题之一。出于对先哲和传统文化的尊敬,笔者不否认"四端"之情在人性中的地位。但是,"四端"之情并非人性中的感情原汁,"四端"之情来源于人的感官刺激所引发的心理暗示。这种暗示既唤起人的欲望,同时又可充当欲望的诱因,接着就在欲望与诱因的对应中产生了特殊的情感。就拿恻隐之情打比方,恻隐之情的产生就像忽然看到有小孩快要掉到井里时那样,人们都有同情心并无条件地施以援救。首先起作用的是人感官上的震撼,紧接着是内心对处境的置换,即把快要掉到井里的孩子当成是自己或自己的亲人,然后把本来应发自于快要掉到井里的孩子的获救欲望转移到了自己或亲人身上。于是,获救的欲望与其诱因(援救者的同情心)产生了对应——拯救自己!这就是恻隐之心的产生原理。就算当时心中没有这种处境置换性的暗示,援救纯属是怜悯性的主动,也隐含着让自我拥有安全感的动机。就像恻隐之情是产生在让"自我"获救的欲望满足过程中一样,怜悯性的举动也是自我想获得安全感而实施的行为。恻隐心、怜悯心都是欲望的本能,不是情感的虚拟。

丹尼尔·戈尔曼在《情商——为什么情商比智商更重要》中强调:人在情感、情绪的反应中会有一种"同理心"。他在书中指出:

"同理心，即了解他人感受的能力。"他还利用美国心理学家蒂奇纳的观点进一步肯定"同理心起源于一种对他人困扰的身体模仿，个体通过模仿引发相同的感受"。同理心与同情心有区别，"同情心是指对别人的遭遇感到同情，但并没有体会到和别人一样的感受"。仿效丹尼尔·戈尔曼教授的做法，笔者在阐述欲望产生情感时也提出一种"同欲心"，并把"恻隐心"之类情感的产生，看成是"同欲心"起作用的结果。所谓同欲心，就是了解和体念他人欲望处境的能力。与"同理心"和"同情心"所不同的是，同欲心起源于对他人陷入困境时欲望上的设身处地，个体通过欲望的设身处地引发出相同的感受，直至给对方施以救助。

《圣经》中亚当和夏娃的故事告诉人们，羞愧之心源自欲望经不住诱惑。因此，可以推断孟子所说的羞恶之心也是因过分追求私欲的满足而产生的。

生活中，有些时候也确实好像是情感产生了欲望，如很多人为了父母和儿女生活的幸福便不辞劳苦地工作，有些人为了讨好情人和巴结上司而不顾法纪，等等。不过，欲望永远是情感的种子，情感始终是欲望的汁液；情感产生欲望只不过是欲望产生情感这个大过程中的例外或一个片段而已。

根据以上的分析，应得出的结论是：人性中是先有欲望，然后才有情感。情感与欲望同属于意识，但不是同一内容、同一性质的概念，不能混为一谈。

人的情感在欲望为实现满足的过程中产生。于是，就像自然界没有水生物便不能成长一样，除一些本能性的冲动之外，人的欲望一般都要经过情感的熏陶方可得到顺利的实施。同时，它又像生物间的生长规律有着千差万别一样，欲望中含有的情感分量及其实施途径也各有不同，但一般而言，物质方面的欲望其情感性要淡薄一些，精神方面的欲望其情感性会浓厚一些。从类型上讲，本能型欲望的情感显得单纯，自我型欲望的情感显得执着，环境型欲望的情感显得通俗，至善型欲望的情感显得高尚。

反之，当情感支配欲望时，有什么样的情感就会孕育什么类型的欲望，就会得到什么样的实施效果。这当中有一个前提，那就是情感的善必然是理性对欲望和情感同时起作用的结果，情感的恶首先就是欲望无视于理性。

第四节　不以情感代替理性

本节之所以提出要超越儒家某些观念来对欲望、情感、理性进行认识和区别，不是想与儒家学派争观点，更不是贬低儒家学术在中国乃至世界历史上的地位和价值，而是以儒家学术为基础，对中华民族的文化复兴做一点学术性探讨。

在儒家看来，理性就是道德情感。孔子学说的核心是仁学，而仁就是建立在情感之上的。孔子说"克己复礼为仁"（《论语·颜渊》），意思是仁不在认识对象之中，而在心中，其心理基础就是同情心和"爱"这类道德情感。

尽管儒家内部在情感与理性的分析上也有许多分歧，但总体上还是认为"情之不失即是理"，人是情感的动物。

在哥白尼的"日心说"没有得到权威性认可之前，世人对地球的定位及天体运转的有关猜想是无所谓合理不合理、科学不科学的。同样，在人类对自然规律、社会规律还没有达到相当水准的认识之前，人们对人性的分析持不同的观点也是无可非议的。儒家学派认为人的情感决定人的价值，强调情感的至善就是理性，且着意于用道德情感通过"礼"的规范来摆平人的欲望、维持社会秩序，进而形成满意的政治、经济、文化氛围。儒家的这种认识和心愿只不过是一种以中国封建社会制度为背景的、特定历史条件下的哲学理念。这种理念虽然有暴露儒家哲学忽视自然规律的一面，但也体现了儒家在生存哲学上特别重视人文环境的智慧。今天，只有法制和民主才是稳定与发展的根本保证，所以，先要对情感和理性进行科学分析，才能实现人性理论上的进一步完整和成熟，才能更有利于社会的进步。

在封建社会，统治阶级总是借人们敬畏大自然和宗教信仰等方面的情感来巩固其政治地位，借血缘情感来强化人们的责任和义务意识，借道德情感来维护社会秩序。

清代思想家戴震，第一次将知、情、欲进行了区分，反对将知和情混为一谈，并且对知、情、欲都做了分析，这在儒学中是"破天荒"的。戴震说："人生而后有欲、有情、有知，三者，血气心知之自然也……唯有欲有情而又有知，然后欲得遂也，情得达也。天下之事，使欲之得遂，情之得达，斯已矣。"戴震在情感与理性的关系问题上有了新的突破，表现出近代自然主义倾向。

当今，世界性综合国力竞争的波涛日益进入文化领域，作为中国人，应该认识到：孔子及其儒家众多优秀者那种博大的情怀、崇高的品德、过人的智慧一直滋润着中华民族的文化领域，让二十多个世纪以来中华民族传统文化的伟大得到了全世界人民的赞扬。但是，处在全人类都在尊重科学，都在为营造良好的理性氛围而不断努力的新时代，我们不能再是那样厚古薄今地以情感代替理性；我们要洞察情感的雾霾常常妨碍人们认识和崇尚理性的现实；我们要勇于打破情政治、情经济、情文化的腐朽格局，用科学的人生观、价值观面对现实，要重视教育和科学进步，依靠民主和法制，为中华民族的伟大复兴开创新局面。

第五节　三者在关系上的隔阂与协调

其实，就像自然界没有脱离水分而能发芽的植物种子和没有不依赖土地而能健康成长的植物一样，人类没有脱离欲望的实施和情感的交流而产生的理性；又像自然界有水、有土但未必就有草木生发一样，人类也常出现有欲望的实施却未必就有理性的渗透，有情感的表露却未必就有理性的显示这样的情况。总之，理性的产生和存在离不开欲望与情感；欲望、情感二者都必须依赖理性才能达到目的，但某些时候它们又会疏远、脱离理性，认为无须理性的存在而能达到目的。

我们再用水有助于草木的生长，表面看来水的存在可以脱离草木而存在来比喻欲望是理性的基础，理性离不开欲望，可是表面看来欲望可以离开理性而获得满足；又以土有助于草木的成活，草木离不开土，但表面看来土的存在完全可以离开草木的存在来比喻情感有助于理性的发展，理性离不开情感，可是表面看来情感可以不依赖理性而自由存在。

在上段文字中，为什么把欲望、情感可以离开理性而存在都说成是表面现象呢？这里我们还得再借同样的比喻来深入话题。在地球上，表面看来水和土都可以无视于草木而自由地存在，但如果延长时间、扩大范围、加深程度，那么情况会怎样呢？假若地球上没有植物，那么靠什么涵养水分？这说明，从事物互相联系的观点来看，地球上水、土、草木三种物质的存在是密不可分的。同样的道理，欲望、情感不能离开理性而独立存在，即使能，也只是表面的、暂时的、有条件的，因为人是有思维、有社会性的。就欲望与理性而言，个体的欲望实施、情感表露必定会牵涉到他人，牵涉到社会。在这样或那样的牵涉中没有理性的作用行吗？比如当某个人想满足食欲时，天上会掉馅饼吗？世上有白吃的午餐吗？如果没有，他就得靠自己谋生，在谋生活动中他不得不尊重理性，否则，必定会在各种冲突中受打击，在困难中受煎熬，久而久之就无法生存。又如，盗贼满足欲望的行为只能选择在特定时间和空间中实施，而且最终不能躲过道德指责和法律的制裁；吸毒者和赌徒的情况也与盗贼类似，他们因追求一时之快乐最终招致的是难言的痛苦。总之，无数事实证明，脱离或违背理性的欲望是不可能持久的；情感如果不借理性来表现，那就会成为沙漠式的情感；情感如果与理性相距太远，那也好比是一片沼泽。所以，历史上无论是哪个领域的改革，大都是因为旧体制阻碍了人类发展的需要。自然界和人类社会中的有关道理，就像水、土、草木的存在是相互关联、不可或缺一样，人性中欲望、情感和理性的存在也是缺一不可的，否则，人格就不完整。

就像水的运行与土地存在密切关系一样，土地也因水而能生出草木，草木又有助于水的涵养。欲望的实施与情感密切相关，情感也因欲望的存在而诱导出理性，理性最终有助于欲望的实施。

理性是因欲望的存在而构成体系的，没有人类的欲望就无所谓人类的理性；反过来，如果没有被人类认识、掌握和运用的理性也就谈不上有人类欲望的发展。人类欲望的具体实施，就是人类产生理性的基础。人类欲望的不规范或变成完全的恶，是人的情感对理性的冷淡和违背而造成的。所谓欲望与理性的对立，一般是指欲望的主观性与理性的客观性相对抗。而欲望与理性的统一，是指欲望的主观性与理性的客观性相一致。就社会而言，由于欲望的规范化程度不一，更因为理性的标准不一致，于是社会化的理性与某些个体或团体的欲望将会形成不同程度的对立。不过，除特殊情况外，这种对立一般可以通过相互妥协与调和的途径达到统一。

宋朝的理学家提出的"存天理，灭人欲"到底是一种什么样的意境？理学以儒学为宗师，其理无非就是人的情感之理。一个"灭"字，体现出理学家对私欲的强烈厌恶甚至仇视。其实，以追求人的情感美好为特色的理学家都是忠厚之人。忠是忠于"天"，即大自然，或"天子"；厚是厚于情，即自然之情，或封建的道德之情。理学家所指的"灭人欲"的"欲"，并不是泛指人类的所有欲望，而是指那些不合封建道德规范的欲望，有时则被专指损人利己的私欲。那些自私的欲望就是与"天理"相对立的欲望。这种欲望带有很强的倾轧性和贪婪性，是没有封建理性与封建人情味可言的，是封建人伦观点中的恶。理学家认为是恶的就必须扼制，就要"灭掉"。"灭"字既表现理学家对私欲的厌恶和仇视，也表明理学家行为态度的坚决与果断。

或许也有人认为，作为以仁爱为本的儒家学者如果能把思路深入下去，把"存天理，灭人欲"改为"存天之真理，灭人之邪欲"，那么这一理念将会有更多的受众，接受史也将会更加悠久。

理性与欲望永远存在差异性与同一性。然而，封建统治阶级只讲差异性而抛弃同一性，完全把二者对立起来，其目的无非是为了压制老百姓的政治追求与合理利益，以便巩固自己的统治地位。

理性的魅力自有对自然规律和社会发展规律清晰认识和适当驾驭的一面。在人类发展的长河中，这是永存的规律，而且是对欲望有感化、诱导、规范作用的。因此，只要主观欲望符合客观理性，那么它与理性就是相容的，是可以统一的。

第六节　各自的功用侧重和特色体现

如前所述，欲望、情感、理性这三者都有着丰富的内容。欲望大体有生存、获取、表现、发展等多种类型；情感有私人情感、普遍情感、审美情感或道德情感、自我情感、社会情感等各种表现；理性有政治的、宗教的、道德的、学科的、实践的、目的的、具体的等各个领域的理性。无论三者的内容多么丰富，但最终都要为各自的功能服务。所以，只要认清三者在功能上的主要特点，就可以了解其内容和相互关系以及懂得如何发挥好三者的作用。

三者在主要功能上都应当是各有侧重：欲望要注重拉动经济，情感要善于酝酿文化，理性要适合引导政治行为。

一、欲望要注重搞活经济

俗话说："巧妇难为无米之炊。"管子说："仓廪实而知礼节，衣食足而知荣辱。"确实，除了某些本能型与意境型欲望的满足不直接依赖经济之外，人类一般性的欲望满足都离不开经济。试想，如果没有物质能量的供给做保障，人靠什么生活？

正如欲望的分类一样，经济也可分为本能型经济、自我型经济、环境型经济和至善型经济。无论处在人类社会的哪个历史阶段，也无论以哪种经济类型为主，如果人的欲望不与经济这个诱因对应，则人就得不到生存上的保障，什么获取、享受、表现、发展等都将成为子虚乌有。

倘若以为和尚、道士无须依靠经济便可静心寡欲，那语言中就不会有"化缘"和"募捐"这些实词；如果说隐士、"高人"不依赖经济便可移情易志、自视清高，那么就不会有"名为山人，心同商贾"、"放长线钓大鱼"、"醉翁之意不在酒"之类的讥讽或隐语。

唐朝大诗人杜甫的诗写得非常好，可日子却过得十分寒酸——饮浊酒、住茅屋，甚至孩子被活活饿死。

"马行无力皆因瘦。"《增广贤文》中的这句话就暗示着欲望与经济的关系。在人类的存在与活动中，经济永远是保证欲望与诱因形成对应的决定性条件，而且一般情况下经济本身就是欲望的直接诱因。欲望最主要的功能就是首先千方百计搞活经济。

有的历史学家认为"没有子贡就没有孔子"。在孔子的学生中，最有钱的是子贡。孔子学术一度不受权贵们欢迎，只好回家读《周易》、写《春秋》。子贡为了替老师宣扬学术，便驾着高头大马，拉着金银绸缎到处游说。子贡所到之处，与国君平起平坐，孔子学术也广受欢迎。司马迁曾感叹：孔子终于名扬天下，是子贡花了好几年时间、动用不少钱财周游列国的努力啊！

生活不断地告诫人们，欲望要把拉动经济当作头等大事，无论个体还是群体直到民族、国家都必须这样。

二、情感要善于创造文化

文化是人类在社会历史发展过程中所创造的物质财富和精神财富的总和，一般多指精神财富。

人是文化中的创造者，人类的活动是一切文化发展的基础。可以说，每一个正常人都是文化的创造者，但不能说每一个人都有文化，因为"文化"与"有文化"是两个不同的概念。有文化通常是指拥有运用文字语言的能力及一般知识。

人类所有精神财富的产生，无不与人们的情感活动有关。精神财富的产生主要由精神生产能力和精神产品的被认可来确定。一切社会意识形态，特别是教育、科学、文学、艺术、体育、卫生等都是精神财富的重要组成部分，也是文化的具体内容。文化的产生和形成是人类劳动的结晶，也是人类情感对文化富有创造性的见证。

在文化领域，人们需要什么，喜欢什么、模仿什么、创造什么都必须经过情感的酝酿。如果需要知识的陶冶，就必须首先在情感上对知识怀有敬意，对陶冶的过程有兴趣，对陶冶的境界有向往；如果喜欢爱情，就必须在情感上确定爱情的目标，就必须设计得到爱情的过程，就必须准备为爱情的拥有而付出；倘若想模仿一幅画，就会从猜想原画的情感主题入手，接着先做好情感模仿，然后再在画面的内容和形式模仿上下功夫；倘若想创造一种新的教育理论，那肯定是因为教育的现实而产生了情感上的触动，就会注重先让激情焕发灵感，然后再借鉴多方面的经验并联系时下的教育实际提出新的主张。

从对事物的产生和发展是起正面作用还是起反面作用的角度上讲，人们的思想表现和行为态度可分为积极的和消极的两大类。就情感创造文化而言，应当是凡有利于维护和捍卫文化尊严，有利于充实和发展文化内容，有利于肯定和光大文化价值之类的情感就属于积极型的情感；凡不能者，则相反。

屈原作《离骚》，司马迁著《史记》等，都是在政治欲望上十分失意而文化情感上却享有自由的创作典范。身处逆境中的屈原和司马迁之所以能创造文化上的奇迹，以淡化自己政治上的失意，最终光大自己在历史上的形象，取得非凡的人生价值，关键在于他们在逆境中能用积极的情感创造文化。

愤怒是一种情感。"愤怒出诗人"中的"愤怒"不是因为历史上的耻辱就是因为现实中的不合理而产生的；"出诗人"是愤怒者凭着自己的知识和涵养避开因愤怒而危害社会和折磨自己的消极情感，而用积极的态度把愤怒情感作为创造文化的特殊材料，然后用理性的方式表白自己对历史与现实的看法，同时也唤醒世人对历史和现实要有理智的认识，要勇于为社会的和谐美好而努力奉献。"出诗人"的过程就是情感创造文化的过程。

腐败是文化吗？当然不是，腐败是一种政治弊端、社会阴影。虽然腐败的产生和蔓延同样要通过情感的酝酿，但不同的是，为腐败而酝酿是情感的消极型表现，因此腐败就是情感的堕落。腐败分子之所以腐败是因为除了用腐败行为来满足私欲之外，很难找到其他正当的方式来实现自我价值。腐败是私欲上的瘾，是文化上的害。纵使有的腐败分子从事文化行业，但其行为实质不是借此以方便腐败，就是为自己的腐败行迹扯些遮羞布。相对于正义情感而言，腐败情感是文化发展的天敌。

本章突出讨论情感在文化方面的功能，除了表明情感对文化的产生和发展具有十分重要的作用之外，是想借经济、文化、政治三者之间的关系来比喻欲望、情感、理性三者间的关系。

德国哲学家、哲学史家恩斯特·卡西尔在其《人论》第二部分《人和文化·历史》篇中说："一切文化成果都起源于一种固定化的活动。""柏拉图的爱情理论把爱情定义为一种不朽的向往……我们可以把文化形容为这种柏拉图式爱情的产物和结果。"根据这两句话的提示，可以理解为：凡是富有情感酝酿功能的人都可以用积极方面的情感创造健康的、有益于社会的财富，而笔者在这里只谈了情感创造文化这方面的功能。

三、理性要适合引导政治

政治是指政府、政党、社会团体和个人在内政及国际关系方面的活动。苏格拉底认为人之所以为人，在于拥有理性，人是一种能对理性问题给予理性回答的存在。依据这种理念，笔者认为政治的本质意义应该是人们创造出的一种准备或希望对理性问题给予理性回答的社会活动组织和活动形式及其活动内容。

因为人类在发展中的生活、生产等各方面的秩序需要建立和维持，关系需要理顺和连接，所以就产生了政治。从某种意义上讲，政治是人类对理性的思考、探索和实践；政治活动的效益取决于理性引导的密度、纯度特别是成功度。历史上，政治因得到理性的耐心引导而取得辉煌成果的例子有很多。就中国历史而言，汉朝的"文景之治"、唐朝的"贞观之治"、清朝的"康乾盛世"都是得力于理性对政治的耐心引导。中国当代的改革开放也是顺着社会发展的理性思路而开始实行并取得巨大成就的。

国际上那些发达国家，凭什么发达？有研究者认为，一方面，它们对内残酷压榨剩余价值，对外疯狂掠夺他国财富，从而实现了资本的原始积累；另一方面，随着劳资矛盾的发展，它们采取了不少缓和矛盾的政策措施，推动了社会的进步。纵观它们的发展史，有一点是值得借鉴的，那就是在内部善于用理性引导政治。例如，美国建国之初，作为资本主义社会形态的新生力量，以华盛顿、林肯为代表的领导人具有取代"老牌帝国主义"的政治胸怀，为美国的强盛创设了浓厚的理性化权威氛围。

现在的社会是人类环境型欲望、环境型情感最具魅力的社会。在这样的社会环境中，理性引导政治的实质首先就是对人的环境型欲望进一步激活和规范，对人的环境型情感进一步丰富和强化。有了这种基础，社会就会自然而然地秩序化、和谐化。

作为个体而言，用理性引导政治的最佳水平就是能轻松自如地用智慧和能力把自我欲望与公众欲望、社会欲望统一起来，把自我情感与公众情感、社会情感融合起来，从而让自我行为在一定范围内拥有政治活动所需要的高标准、高价值。

如果英雄们说历史是人民群众创造的，那除了作为一种谦虚姿态之外，最好的理性表现是让自己无条件地接受人民的监督和约束；倘若人民群众说历史是英雄创造的，那除了作为对英雄表示羡慕和敬仰之外，最好的理性表现是对英雄既无恶意的攻击也不盲目地崇拜。

理性化的政治应该包括三点：①用人民满意的道德标准和法治本领，公平合理地保障国民正当的欲望实施和情感交流；②以尊重自然、尊重社会的态度为社会经济和文化的发展，为物质文明和精神文明建设提供尽可能优越的条件，营造尽可能良好的氛围；③面对国际环境要有"达则兼济天下，穷则独善其身"的仁者胸怀。

如果过分相信人治，就是放纵欲望和滥用感情；倘若无视法纪就是践踏道德和丧失理性。

在分析欲望、情感、理性这三者的关系时，柏拉图曾有过一驾马车的比喻。他把欲望比作马，情感比作车，理性比作驾车的人。在柏拉图的比喻中，理性被赋予最高地位，起主导作用，情感只是被动的工具，欲望则有原始冲动的重要作用，而理性直接对欲望、情感发生作用。

在本章的讨论中，笔者用过两个比喻来说明欲望、情感、理性的关系：一个是把人性比作鼎，人的欲望、情感、理性则分别像是鼎的一只足，目的是突出表明其作用的并列以及功能上的相互牵制；二是以自然界的水、土、草木（植物）分别比喻欲望、情感和理性，以进一步阐释欲望、情感、理性三者互生、互利、互制的特点，特别是强调在人性中只允许有暂时的理性短缺，如果长时间缺乏或丧失理性，则人性便会被扭曲或完全毁灭。

　　这里，为了更清楚地说明问题，笔者还把欲望、情感、理性的主要功能分别对应于社会领域中的经济、文化、政治，希望读者能借经济、文化、政治的关系来理解欲望、情感、理性三者间的关系。

第七章 诱导与管制

人类社会中的欲望错综复杂。如果不对欲望进行多方面的合理化诱导与管制，人们的生存秩序就难以维持，各种活动就无法开展。在对欲望进行诱导与管制的过程中，社会上每一领域都各有各的方法和措施。本章暂且以儒文化、佛文化和大众化的道德、法律对欲望的作用为例，谈谈人们对欲望进行诱导和管制的访求。

第一节 儒家文化——欲望的劝勉术

儒文化博大精深，在世界文化中很有地位。无论是国内还是国外，很多人花一辈子的时间和精力研究儒文化都很难取得满意的成果。所以，笔者不敢有凭一篇短文就概括儒文化的作用这样的妄想。这里只是在粗略思维中肯定儒文化对人们欲望的劝勉作用。

儒家文化应该不属于宗教文化。那些把儒家文化与宗教文化混为一谈的人，要么是缘于对儒家文化的不了解，要么是另有所图。儒家文化从开始就是站在直接面对人类欲望的基础上创造和发展起来的。真正的儒家学派，一贯在生活中重实际、怀仁爱、讲礼仪、求中庸，把为人类社会创造幸福和美好的希望寄托于人类自己。

儒家祖师爷孔子曾提醒大家："敬鬼神而远之。"《论语》中也有："子不语怪、力、乱、神。"虽然孔子曾经在多种场合谈到过"天命"，但其出发点要么是在不顺意时当作自我安慰，要么是因当时科学理念的欠缺，便用最容易被人接受的天命观来劝勉他人。总之，无论从言论还是行为上讲，以孔子为祖师的儒家文化与各种宗教文化相比都有本质性的区别。

秦始皇的愚民暴行对儒家文化造成的伤害，以及从西汉王朝起，

欲望纵横谈

历代封建统治者对儒家文化所添加的误解、歪曲和篡改，令中国封建社会的儒文化大有失真带伪之嫌。就误解而言，可举的例子很多，例如长时间中人们对儒家的核心理念"中庸"就有多种解释：有的说是一种不偏不倚的行为准则；有的说是折中调和的老好人观点；有的说是至诚至理的处世态度；有的说是礼与乐的调融；还有的说是王道与霸道的兼施并用；还有人干脆认为，好比说眼前有三条路，中庸之道就是中间的那一条。不同的说法还有很多，大都是心里想怎么用，口上就怎么说。其实，"中庸"是儒家文化认定的道德行为的最高标准，"中庸"的内容是诚意、正心。分而言之则是"中"为正道，"庸"为定理。儒家认为，如果一个人能很好地认识和掌握自然规律与世事道理，并本着克己复礼、治国平天下的德行去为人处世、建功立业，那么自己就能像《诗经》中所说的那样"如鸟儿上天空一样自由，若鱼儿下湖海一样快乐"。能有如此功夫，那么人就达到了礼的得体、义的实惠、仁的贯通、德的完美和道的至善。有了这般中庸功底的人，想要建功立业自然不会是很难的事。

至于某些句意上的歪曲，例子也很多。如《论语》上的"学而优则仕"。因为子夏说的全句是"仕而优则学，学而优则仕"，应解释为"做官有余力就去进行学习，学习有余力就去做官"。可在实际运用中常被一些人说成是"学习成绩好就去做官"。把学习态度和学习目的混为一谈。还有，"唯上知与下愚不移"和"刑不上大夫，礼不下庶人"中的"上"应该解作尊敬，"下"应解作疏忽、瞧不起。这里前一句的意思是，"人们尊敬有智慧的人，瞧不起愚昧的人，这种态度总是难得改变"。后句之意应当是"刑罚不会因为你是当官的就尊敬你，礼仪不会因为你是普通人就疏忽你，在礼法面前人人平等"。而后来，前句被歪曲成"只有上等聪明的人与下等的愚笨之人是不可改变性情的"。后句被歪曲为"刑法不可上用在当官的身上，礼仪不可下用在普通人身上"。请问，如果真是这样的话，那么孔子说的"有教无类"和"己所不欲，勿施于人"等让人怎么去理解？儒家的"智"与"仁"又叫人到何处去寻觅？

第七章 诱导与管制

更为严重的是，自汉朝董仲舒尊儒学为国教开始，历代封建统治者为了自己的私欲得到堂而皇之地满足，便对儒家文化进行本质性的掺假。例如，董仲舒本人站在封建统治实权派的立场，在孔子主张"仁政"和"礼政"，以及在孟子提倡"民贵君轻"与"政在得民"的政治观点旁边添上"君权神授"和"天不变道亦不变"等政治谎言，以作为统治阶级的护身符。宋朝统治者用其"理学"作为道具把孔孟创造的儒家学术包装一新，而且还把经过他们装新的"儒家文化"跟上市产品一样看待，以为只要有人信、有人用就显得实在甚至是贵重。于是，他们这些包装者成功成名的欲望也就在满足之中，社会效应和历史意义如何他们却不在乎。轮到明清两朝，创改儒家文化的伎俩与以前相比更是有过之而无不及。想了解儒文化发展史的人都可以在相关资料中随便找出这方面的例子。

我们认为，董仲舒本人凭着"罢黜百家，独尊儒术"之功，在儒文化那里"搭搭便车"是可以理解的，但后来那些节外生枝和别有用心的做法难免给人带来厌恶或恐惧的感觉。所以，我们要真正地了解并弄懂儒家文化，首先必须走好去伪存真这一步。

历史上儒家文化为什么会如此地在受人敬重的同时又遭人歪曲、被人利用呢？笔者认为儒文化之所以受人敬重是因为其内容有许多至理至善的闪光点，含金量很大，能给人带来启迪。而儒文化之所以被人歪曲和利用是因为歪曲和利用者不敢正视自己和他人的欲望，对儒文化中如何用理性制衡欲望、劝勉欲望以及如何用智慧去驾驭欲望等，都难以理解和接受。顺便补充一点，那就是像宋朝的理学之类，倘若自成一派，或许还妥当一些，牵强于孔孟之学反倒容易被人利用。

何以见得儒文化是敢于直面人类欲望？首先，儒家的经典之一《诗经》就是一部活生生的人间欲望画面。《诗经》中叙述青年男女相思相恋之情的语句有很多。而面对社会上对《诗经》评价意见纷纭不一时，孔子一言以蔽之曰："诗三百，思无邪。"封建社会中的众多虚伪者，对男女之间相思相恋的爱情不是人人心里有、个个口上无吗？可写就于封建社会之前的《诗经》却敢于直面这个问题。对这种敢于直书男女欲望的表现，孔子给予了充分的肯定。《大学》的句段中也有敢于诱导人们要如同喜爱美丽的女子那样喜爱人间善良的例子。如"所谓诚其意者，毋自欺也。如恶恶臭，如好好色，此之谓自谦"。《论语》中还记述着："子曰：吾未见好德如好色者也。"儒文化对人们好色的欲望都敢于正确面对，还会怕面对人们欲望的其他方面吗？

儒家文化之所以敢于直面人的欲望，目的是为了要对人们的欲望进行了解、分析、判断，再从实际出发对欲望实行理性化、规范化，使之有利于团体性乃至社会性的整合与协调。北宋的赵普曾经说，他任宰相期间，只用半部《论语》就治好了天下。这大概就有肯定《论语》这部儒家经典与人们欲望的实际很切合的意思吧！

可以说，《易经》是中国古代的一部最典型的关注人们欲望的著作。其所讲的太极生两仪，两仪生四象，四象生八卦，八卦演成六十四卦，六十四卦产生出三百八十四种状态（爻），实际上就象征着人类欲望变化的基本规律。人的欲望生发了，就会有人的情感和理性与之相渗透、相权衡，然后再用行为来与之相配套；有了这种渗透、权衡和配套才会引出行为实施；有了实施才会得出行为结果；有了结果才能辨别欲望满足的可否及其满足程度的高低。这一过程用《易经》原理来叙述，就是三百八十四种欲望状态又回到六十四种可能，六十四种可能再定位于八种类型，八种类型然后退回为四种格局，四种格局接着归落成两种形式，两种形式最终还是还原于太极归元、天人合一的境界。这看似烦琐的变化过程，其实归纳起来都在简易、变易、不易这三种状态之中。因为《易经》处处暗示着人们的生活实际，所以孔子特别喜欢钻研它。

善于用宏观理念审视自然界和人类社会各种问题的人是不会囿于某一学术所圈定的"平面"或"空间"的。他们是会超然其上地认识人和事物现象并理解其本质的。古人说"智者不卜"大概就是这个道理吧。

第七章 诱导与管制

假若想用《易经》原理来探究世情物理或左右人们的欲望，当然不是一件容易的事。但是，如果人们只求自己能在《易经》理念的指导下，让欲望先得到某种程度的善化，进而得到恰当的满足的话，笔者认为有个最简单又实用的办法。这办法就是只要从六十四卦中掌握好三个重要卦中所阐述的道理并努力践行就可以了。哪三卦？即乾卦、坤卦、谦卦。乾卦的核心内容是"天行健，君子以自强不息"；坤卦的实质是"地势坤，君子以厚德载物"；谦卦的基本意思是"君子以裒多益寡，称物平施"。试想，如果自己能在懂得客观规律的前提下，以自强不息的姿态修身成事，又能像广阔的原野一样承载千象、滋生万物，并能持之以恒地保持谦虚谨慎、乐于上进的祥和心态，那还有什么不能成、什么不能得、什么不能守的呢？问题是很难有人这样去做。这倒不是因为人的潜力不够，而是欲望当前，大多数人总是觉得因缺乏智慧和毅力而难以驾驭。

儒文化倡导人的欲望要实行规范化、理性化，是有完整的目标模式的。其具体的目标是：格物、致知、诚意、正心、修身、齐家、治国、平天下。这八项中"修身"是根本，也是关键。前四项是"修身"的方法，后三项是"修身"的目的。儒家倡导实行"修身"目标引导的价值体系是"为天地立心，为生民立命，为往圣继绝学，为万世开太平"。

为了达到"修身"的目标，儒家文化特别强调要练好基本功。基本功的实质就是让自己的欲望达到理性化，行为达到规范化。怎么个做法呢？先要学习，要有书本知识，更要有实践知识。要"格物、致知"，要"洞明世事、练达人情"，要"自省"、"笃实"，要懂得"温、良、恭、谦、让"，要德才兼备、智勇双全，要"明明德"、"亲民"、"止于至善"……只有这样，才懂得哪些欲望应当削除、应当摒弃，哪些欲望才称得上是合情合理的，且将合情合理的欲望看成是自己的志向，然后为志向而努力拼搏。

干大事者，在困难面前就要用孟子的教导鼓励自己。《孟子》中有言："天将降大任于斯人也，必先苦其心志，劳其筋骨，饿其体肤，空乏其身，行拂乱其所为，所以动心忍性，曾益其所不能。"总之，困难面前人们对儒家经典中"修身"之理若能身体力行，则可受益无穷。

"纯欲怀仁、修身进德"进而达到轻松地驾驭欲望，是一个层次特征非常显明的过程。孔子说："吾十有五而志于学，三十而立，四十而不惑，五十而知天命，六十而耳顺，七十而从心所欲，不逾矩。"笔者认为，从对欲望实行自我勉励、节制、淡定的角度来理解，孔子的这段话可以作如下解读：孔子说："我十五岁时开始立志读书明理、积德成才。三十岁时知识与智慧让我大开眼界，我从此立定了利国利民、追求真理的志向。四十已至，在为实现自己的抱负而做出的奋斗中更深刻地感悟到我的努力没有白费，所以我不为过去而后悔，也不为时下而困惑，更不为未来而浮躁；我追求成功的热情更高，信心更强，方法更灵活。五十岁来临，我认真地总结过去的人生，由衷地体会到世上万事万物都有其变化的规律和相互联系、相互作用的道理；懂得人生是外界规律和自我意识相互渗透，主观努力和客观条件相互作用的过程。我想，要说有天命的话，这就是天命啊！六十岁乐乐而来，平和的心态令我把外界自发的声响当成了怡情的音乐；我什么都能听得进去，毫无逆耳之感，因为我懂得，来自自然界的声响，本来就很自然，而来自人的语言和行为方面的声响无非分别属于欲望的呐喊、情感的宣泄、理性的律韵；这一切声响都可归之于大自然和人性中的存在；有什么值得反感和好奇的呢？到了七十岁的年月，我已觉得自己想要和不想要的与公众乃至整个社会想要和不想要的完全一致了，无所谓什么'己所不欲，勿施于人'了；自己完全可以按自己的需要去做事，根本就不存在有违背社会道德规范的事。所以，我觉得自己很自由，很开心。"

孔子真不愧为儒家宗师和后世典范啊！

除了强调训练驾驭欲望的基本功和注重欲望在理性上的升华之外，儒文化中对人们欲望的开导和驾驭还很讲究技巧。就开导来讲，儒文化很重视启发式，而且很注重启发的得体。例如，孔子说："不是人家对问题感到有疑难时，我们就不要自作多情地去引导他；不到他想说出来却又说不清楚的时候，我们就不去启发他；指导他一方面，他不能由此推知其他几方面的，我们就不再开导他。"欲望的诱导与知识的传播是同一种道理的事。这个道理的关键就是要充分发挥接受者的主观能动性。

在欲望的驾驭方面，就驾驭自己的欲望而言，儒家文化中最令人叹服的技巧是对"借舟渡水"和"登高传声"之类道理的仿照和应用。例如，"出门如见大宾，使民如承大祭"和"欲立立人，欲达达人"，等等，都是儒文化强调若要实施自我欲望就必须先尊重他人欲望的做法。

在驾驭他人欲望时，儒文化则特别强调先要了解他人的欲望。怎样了解？那就是要善于透过现象看本质。如《论语》中的："视其所以，观其所由，察其所安。"还有，孔子议论季孙氏时说："他在自己的庭院中奏乐舞蹈，使用了周天子的八佾。这种事他都忍心做得出来，还有什么事他不忍心去做呢？"由此可见，儒家注重的是，只有对人家的欲望心中有数，然后才好决定给予帮助还是控制。有点遗憾的是，历史上儒家在驾驭欲望时总是注重道德感化的多，而强调法律制裁的少，结果无论对己、对人，还是对社会，很多时候欲望的驾驭效果往往都不太理想。不过，一贯以来，儒家对人们欲望的倡导和禁忌有两个聚焦点很值得大家注意：最倡导的是"孝行"，最禁忌的是"奸淫"。儒家很注重倡孝行、禁奸淫，认为普天之下都是"百行孝为先，万恶淫为首"，这是很有道理的。因为一个人如果对养育自己的父母都不愿回报、不愿奉献，那就没有多少人情味可言，更谈不上会有什么社会责任感了；一个既无人情味、又无责任感的人，不但不可能为他人、为社会出力，而且终究会成为社会治理中的负担。再就是，一个被色欲占去了自己欲望中很大空间的人，他必定也会为满足色欲而做出诸多违背天理良心的事，甚至也可能会因此而很快地毁灭自己。

为了更有效地劝勉和驾驭人们的欲望，儒家文化还特别重视绩效评价和奖励。儒家文化特别注重充分利用社会风尚来敬人德行、尊人事功、扬人言辞。具体做法有：对典型人物建祠庙以祭其圣，立牌坊以颂其贤，树传碑以显其名，供专利以惠其后……种种措施的出发点都是为欲望的理性化营造良好氛围。此外，儒家文化中的"礼"对人们欲望的劝勉与安顿也很起作用。礼的本义是给人以态度庄重、秩序井然、格调非凡、氛围和谐等良性感觉。礼所追求的是让人精神方面的欲望既得到某种满足，又得到某种节制，最终进入人性中庸的魅力化境界。虽然阶级社会鱼龙混杂、善恶交织，但是"礼"始终是人们欲望实施中的铺陈，也是约束性很强的东西。

　　当今社会，有人认为儒家文化伦理意识太重而法律观念太淡。也有人说，在对欲望的劝勉和驾驭中，当今社会儒家文化之所以效果不太显著，是因为其毕恭毕敬的求职味道太重，或"不敢为天下之先"而甘为"老二"的意识太浓。我们认为这些说法也许有一定的根据。不过，总的来说，儒文化是中华大地的窗前玫瑰、院后红木，儒文化的那种劝勉以及驾驭人们欲望的意愿和已经显示过的魅力，是很值得我们欣赏、宣传和不断探究并发扬光大的。

第二节 佛文化——欲望的超俗术

研究佛教的火克在他的《佛教智慧物语》（大众文艺出版社出版）开篇语《致读者》中指出："佛教的理论体系博大精深，它的认识论细致入微，它的宇宙观深广奥妙，它的人生哲学朴实亲切……它时刻关注着现实的人生，又清醒指向永恒的未来。对于在世界上默默无闻地生存着的我们而言，佛的智慧是一柄利剑，斩断尘世的烦恼；是一贴良药，疗救心灵的创伤；是一股清泉，荡涤身心的尘垢。它为我们在心灵中营造了一座永远安宁、祥和的净土和家园，使我们更加深切地体验人生，更加深刻地拥抱生活。"确实，自受佛教文化影响以来，有不少人通过超脱欲望的困惑而获得了心灵的净化、意境的美好。

大千世界，人们无处不受欲望的驱使。念念不善者，迷离自性且心多变异、造诸罪孽，一直到生命的幻灭。

中国历史上，唐朝女皇武则天曾用飞蛾扑火的例证，隐喻人们在利益面前即使因利而亡身，也还会趋之若鹜、忘乎所以。透过人类社会各个阶段，特别是进入阶级社会以来的一些史实，我们都会为欲望在人性中的魔力而惊讶！在人类发展过程中，欲望因为缺乏约束力表现得越粗野蛮横，人们的苦难就会越深越重。

佛教的创始人释迦牟尼出身于皇室，在物质享受上未受过任何困厄，对人生也没有什么后顾之忧，但是，知识的深度及其天性的仁善，加之生活环境所赐予的厚道，却令他对世界善恶变异的理解产生了深厚的兴趣，对人类的祥和、平等、友爱萌发了由衷的向往之情。特别是在他满怀忧思地走出宫外亲眼看到一些老者孤苦、农夫艰辛、弱肉强食等真实生活情景后，便更加感悟到茫茫人世间充满了悲哀和痛苦。

"啊，原来世上的兄弟姐妹们都在熬受着生死之苦，万物都不得安宁。"在几经思潮的跌宕起伏之后，释迦牟尼看破了人生的沉湎和哀伤。他认为，人世间的一切困苦都是由于人的身心受强烈欲望的支配和煎熬而产生的，一切声色物相到头来都是一场短暂虚妄。他执意要用自己的智慧为世人修筑一座心灵的宫殿。

到处都是人类欲望的"垃圾堆"或"沼泽地"，在如此环境中要建一座心灵的宫殿谈何容易。可释迦牟尼的不平凡就始于他越是在觉得人们无不声色熏心、奢望无穷、被愚痴迷住了心窍的时候，越坚定了探求宇宙和人生真谛、解救芸芸众生于苦海的信心。

佛教理念的产生起源于佛祖对人类凡俗欲望的超脱和对自我处境的超越。了解释迦牟尼成长过程的人都知道，作为小太子时的释迦牟尼（悉达多），曾得到过一位名叫跋陀罗尼的大学者的精心教导。跋陀罗尼为了让天性灵秀的皇太子理解古印度的五明之学，讲过一个记载在婆罗门创教史书上的故事：

很久很久以前，婆罗门教祖静坐养心，闭目养神。不多时，他的身体坐在原处，灵魂却飘飘忽忽地离开了躯壳，去漫游大千世界。忽然，他来到一片葱茏的大森林里，远远地听见有人狂呼乱叫。于是，他寻着喊声走去，只见两群土人在一片林间空地上拼死角斗，双方打得血肉横飞，尸横遍野，惨不忍睹。婆罗门教祖见了，心中不忍，想前去劝解，又怕无能为力。他暗想，此刻我不如化为天神，变成十丈金身，横眉怒目，手持宝剑，只要大喝一声，两边的死对头就能住手。这岂不救了许多人的性命？不料，他心中刚闪出这个念头，自己的身子顿时应念而变，果真变成了一位身高十丈、手持利剑的威武天神。于是，他仗剑近前，大声喝道："赶快住手，不要残杀了！"角斗者一见天神，都吓得惊惶失色，纷纷弃械而逃，留下的全是死尸和受重伤的人。婆罗门教祖望着满地的死尸和头破血流的伤者，忽生恻隐之心，暗想，倘若地上的泥沙变成药剂，那些负伤的人就可以免受痛苦；若我吹一口气，那些死人就能复活，岂不是救了他们？他刚刚生出此念，忽然刮来一阵狂风，把沙土吹到伤者身上，果然止血镇痛。他又向死者吹了一口气，顿时全都复活了！婆罗门教祖当场警戒他们，以后不要恃勇角斗，不要同类互相残杀……

第七章 诱导与管制

在这个故事中,婆罗门教祖的两次虚幻就是典型的欲望自我超脱和超越。意境之美妙,给了释迦牟尼莫大的启发。

佛祖所想的心灵宫殿的作用就是要借所谓宫殿的动人魅力去感召世人超脱凡俗之欲望,以全新的幻觉生活在精神世界的美景中。为了达到这样的目的,佛教要求信奉者先走好三步,即一曰"戒",二曰"定",三曰"慧"。

佛教是非常讲究戒的宗教,强调戒是一切善法的根本。按照我们最通俗的理解,佛教的戒就是要人们对自己的欲望和行为加以约束,使之符合善的要求。

佛教中戒的内容和具体条款有很多,最有代表性的是"五戒"、"八戒"、"十戒"等。八戒是指普通的在家男女佛教徒应该遵守的八条斋律:①不杀生——尊重一切有生命的东西,不可杀害;②不偷盗——不能擅取他人的东西;③不邪淫——尊重所有的异性,不能发生不正当的男女关系;④不妄语——对自己不知道的事情,不能随便乱说,要诚实待人;⑤不饮酒——避免饮食刺激,保持心态宁静;⑥不做任何赏心悦目的娱乐活动和不任意装扮自己;⑦不坐、不睡高广华丽的床;⑧不食非时食(主要指正午过后不得再吃饭)。以上八戒虽然对普通百姓而言不强调终身受持,而是临时奉行,如一个月六天,甚至一天,可以灵活实行。总的说来,它只要求受戒期间过一种近似出家人的宗教生活,但概而言之,八戒和其他各种戒律一样,都是针对人的凡俗欲望而制定的。它告诫人们,要想善化心灵就必须先约束、制化自己的欲望。

人若有戒心和戒行做基础,就可再锻炼收心静意,止心于一境,不使散动。这种功夫叫禅定。禅定中,用功者要达到让自己不因戒而悔,只为戒而乐的境界;要认识到戒是让自己超脱欲望奴役之苦的起步,是挣脱欲望沼泽的"垫脚器"或"飞船"。严格行戒,初看起来是一种欲望的压抑或折磨,令人失去了许多物欲满足中的快乐,但实际上只要没有给有形的生命造成终结性的质量损害,戒则会是通往心灵宫殿的神梯。通过戒,许多物欲界的烦恼和痛苦都会被抛到身心之外。对物欲之戒能严之、均之、恒之、乐之，则心境就会宁静而祥和。

戒兆定至、定缘戒生，这是佛界的自然。不过，人对凡俗欲望的超脱和善化是一个艰难而又复杂的过程，所以，佛教中把禅定这个专心一意的过程划分为四种不同的境界，即初禅、二禅、三禅、四禅。初禅时虽已感到离开了俗欲的喜、乐，但仍能在心中感觉到俗欲。二禅时，离开俗欲的喜乐感，心中已较为清净，俗欲已化去。三禅时产生了正确的意念和智慧活动，感到了妙不可言的乐趣。四禅时，舍弃了禅的妙乐，进入了不苦不乐的境界，达到了脱离凡俗之欲的地步。

当进入四禅的境界时，人心中就会产生一种神妙的东西——慧。慧，即智慧，就是有厌、无欲、见真，摒除一切欲望和烦恼，让人完全进入佛的境界，从而获得心灵的解脱。在戒、定、慧这三学中，慧最重要。佛教认为只有获得智慧，才能达到最终超脱的涅槃境界。

当佛徒能以戒为托盘、定为支架、慧为装点而筑成一座金碧辉煌的心灵宫殿的时候，那么他自己也就成了宫殿的活佛。活佛生活在无私无我、无苦无累、无色无欲、四大皆空的精神世界之中，心意里只觉得六道皆通、六根清净、六识精明、六尘不染。那是多么崇高的佛境啊！只不过，即便是专身事佛者，能享受那般至善至美的人也可能不多。

就一般民众而言，信佛的虽然很多，但多半对佛理佛意只有浅表的认识。从佛家的三界（欲界、色界、无色界）意义上讲，欲界众生欲望最多，色界众生欲望较少，无色界众生欲望最少。而普通人大多都被困于欲界。偶尔能进入色界的多半是因为在实际生活中欲望的满足率太低，甚至是欲望受到的贬损和压抑太重，因为在这种情况下人的心里容易做出一种与其痴求，不如超脱的选择。

庸俗、粗鲁和卑鄙者也常常自称为佛教的虔诚信徒却根本不知道自己的言论和行为格外地为佛理所不容。他们把佛当成自私心的庇护者，因而常常背着他人在佛前虚说妄诉或甜言蜜语，更有甚者，常常想借佛的威严和魅力为自己行奸作恶做掩护。好在天理与佛道不仅不会让这样的人享受欲望的欢乐，反而会令他们在欲望的陷阱中丑态百出。

佛意中的"慧"，高深莫测，但有一点还是容易感觉和领悟到的，那就是对人对事都必须深究其理。

佛典中有这样一个故事：某深山古寺之中，老僧收一徒儿已有多年。老僧慈而且慧，徒弟勤而又诚，师徒关系惯来很好。只是，好长时间里徒弟总觉得师父藏有一门超人的法窍而从未给自己讲授过。因为，徒弟无数次下山办事回寺后将所见所闻向师父汇报并提出一些问题时，师父总能微笑着将事情的前因后果说得明明白白。这令徒弟非常羡慕而又捉摸不透。徒弟总想找机会求师父把这门法窍传授给自己。

当隔了一段时间师父又一次派他下山办事时，他特别留心身边的事，其中有三件事他观察得特别细，也想得特别多。第一件是，他看到山路上一群蚂蚁为了搬运一只蜻蜓而来回奔走不息，其场面让人觉得它们特别忙碌又热闹。第二件是，中午时分他看到一头被拴定于树下的耕牛在吃完农夫为它备下的草料后，围着树干左环右绕，转个不停，总想挣脱牵绳自由走动。第三件是，太阳西下时，河边一只白鹅引颈高"歌"，对岸的一群鹅听到"歌"声后，都连声高叫起来。

回到寺庙后，佛前灯下，徒弟颇有心机地拜问师父道："为何走忙忙？"师答曰："是有财物未进仓。"满脸疑惑又十分诧异的徒弟再问："为何团团转？"师父再答："皆因绳不断。"徒弟大为吃惊，连忙起身立正，提出了第三个问题："为何昂首把歌唱？"师父又不紧不慢地回答说："扬声传音约同伴。"这时，徒弟既对师父的高明叹服不已，又有点怪怨师父几年来从未给自己传授过这方面的法窍。他拜伏在师父跟前，向师父表明了自己的心意，恳求师父在有生之年给自己传授"隔山知事、闭目识象"的法窍。师父双掌合十，一声韵出丹田的"阿弥陀佛"之后，语重心长地说："徒弟不必多礼，老衲并无你想象中的法窍。老衲只是常常透过你描绘的表象，想到了事物的道理罢了。今后，只要你遇事遇人在细察表象之后，定心静意地据表象析理，你心中就会不断地产生智慧，有了智慧就能心境自如，依事明理，不苦不乐，达到佛的至善境界。"

通过这个故事，大家可能会更懂得据情析理、明哲悟道，为心境创造平静与快乐的重要。但是，大家更应懂得：人的从善从恶，为佛为魔，取决于欲望、情感、理性相交相融的质量，也定局于佛律中"戒"、"定"、"慧"的档次。这提高质量和上升档次的首要条件是拥有知识和能力。

还是我国明代小说家吴承恩对佛意理解得深。在《西游记》中，他以猪八戒代表"戒"、沙和尚代表"定"、孙悟空代表"慧"。最终，他们合成了以唐僧为首的一群活佛。

佛的本意大概就是让人类中的每个欲望之魂通过对尘世的超脱，继而在虚幻的意境中享受上帝赐予的一切，并时刻以因果报应之术告诫自己淡薄红尘、积德行善，并且做到永远把更美好的希望寄托于日后乃至来世。

善良的人们肯定都不愿意把信仰宗教与执迷赌博相提并论，因为这二者一个是在智慧的天堂闪光辉，一个是在贪婪的地狱生霉菌。但是，我们应当看到这二者还是有一点很相似，那就是都让人把希望寄之于未来。只不过前者是愿望的求索，而后者是欲念的贪婪；前者可以超越现实，穿越时空，而后者只能囿于现实，受制当下；前者征服的是自己，而后者欺骗的是别人罢了。

无论在何种社会环境中，都有人会出现因欲望得不到满足而心境不乐，或者欲望满足得过分反而神魂颠倒乃至穷凶极恶的现象。佛文化正是诱导人们超脱凡俗之欲，踏进精神世界的天堂享受宁静自如、不苦不乐之福的一门学问。所以，即便是平民百姓，在生活中能接受一些佛的理念至少不是什么坏事。

不过，人们都必须认识到，佛意对欲望的超脱应当是有前提的。这个前提就是，人类必须在有生存保障的基础上才可能产生佛意对杂念俗欲的超脱。如果生存中连最基本的条件都不具备或受到时局的威胁，那人类的佛文化就不可能产生，或者会像"南朝四百八十寺"一样难得有现实意义和可持续性发展的前景。

"欲弄峨眉月，先登解脱坡。""若不回头，谁替你救苦救难；如能转念，无须我大慈大悲。""灵光独耀，迥脱根尘。体露真常，不拘文字。心性无染，本自圆成。但离妄缘，即如如佛。"以上分别是峨眉山雷音寺与九华山观音庵的名联以及《古尊宿语录》卷一中的佳言，仔细品味自会觉得对欲望的超凡脱俗大有益处。

第三节　道德——欲望的牧童

关于人类伦理道德的起源、发展等方面的问题，古今中外都有很多专著进行过论述。这里，笔者就人的欲望与伦理道德的关系做些探讨。

随着社会环境与自然环境的不断变化，人类欲望的内容也很自然地要跟所处的环境相适应。不管在哪种环境中，如果没有伦理道德的制化、约束，同时又对人的欲望予以振作的话，社会秩序便会混乱，人类社会也很难求得正常发展。所以我们说，即便是人类像地球上所有生物一样"物竞天择，适者生存"，也毕竟还是会有其独具的生存特性。而那种产生于人类情感又作用于人类生存的、最原始的生活规则，兴许就是人类有别于其他动物的生存特征之一，同时也是社会伦理道德的起步。这种起步，加上我们在前面讲过的"人类毕竟是人类，人类有着为自己创造外部力量的优势"，就充分显示出人类的道德准则不能与其他动物的那种极为简单的生活习惯或秩序相提并论。

人类伦理道德起源于人性中的情感，而且很多情况下情感道德与客观理性会发生冲突。所以，欲望与伦理道德的关系往往容易被人的情感所左右。

人类伦理道德的产生和发展都是以维护人类社会中多方面欲望的实施而制定良好秩序、营造良好氛围为基本目标的。这种有目标的实施，既反映社会精神文明程度的好坏，更显示个人和群体自我节制水平的高低。这种实施是人的欲望产生情感魅力的过程。决定伦理道德内容的主要因素是人们的生活不断产生矛盾冲突时所形成的社会现象。而人们用理性制化欲望和欲望得以满足的情况如何，则取决于社会物质基础和政治、经济、文化等多方面因素。所以，在阶级社会里，同一时代、同一环境、同一准则的伦理道德，如果能让民众觉得它处于欲望的实施中，那么，就群体而言是一种行为规范，一种生活秩序，一种理性轨道；就个体而言，伦理道德除有上述功能之外，弱者能以其作为对自己欲望的安慰,强者能以其作为对自己欲望的节制,愚者能以其作为自己欲望的向导,智者能以其作为自己欲望的风景,恶者视其即如遇上了威严的判官,善者仰其即好比见到温和的天使。能有如此功能的伦理道德,那就是一种闪光的文化,就是欲望与情感的美与善。

阶级社会里,无论何时、何地,统治阶级的伦理意识与被统治阶级的伦理意识总是难得统一。尽管被统治阶级可以在那些主要服务于统治阶级的伦理准则"旁边"自发地附上一些有利于维护自身尊严和基本利益的伦理准则,但毕竟因为统治者与被统治者既得利益上的悬殊和所欲利益档次上的天壤之别,最终还是使得社会道德标准很难统一。事实告诉大家,人类欲望的层次矛盾和欲望兑现情况的差别始终会是社会道德准则得以统一的障碍物。正如恩格斯所认定的那样:在阶级社会中,一定的道德都是特定的阶级利益在道德领域内的反映,任何企图超越阶级关系而去寻求善良意志的做法,都是行不通的。

从伦理学基本原理上讲,我们要理解欲望与道德的关系,首先要弄清道德主体和道德调节这两个概念。

根据《精神文明大典》上的解释,道德主体是道德的范畴之一。作为道德活动的发出者,从外延上看,它或者是人或者是一些人所组成的团体、集团、阶级等。道德作为人类的一种存在方式,是通过人的行为活动实现的,而具体的人正是在这种有意识、有目的的能动活动中,使自身成为主体;道德行为及其对象相对于主体来说,成为主体视野之内的客体,而不是主体自身。在这个意义上说,道德既是主体的创造物,又是确定主体身份的客体,个人或所组成的团体、集团、阶级不仅是随社会道德作用的客体,也是进行道德行为活动和创造社会道德生活的主体。

道德主体从形式上看,包括个人和许多不同个人结合的团体、集团、阶级,等等。道德主体存在性质上的差别。其一,根据不同性质的道德体系,平衡某道德主体的差异。总起来说,不同的道德体系,既造就了不同的道德主体,也是由不同的道德主体造就出来的。其二，在同一道德体系中，根据道德主体对此道德体系的认同度和根据道德主体在按照此一道德体系的要求进行修炼，而达到的德行程度。衡量道德主体间的差异，对道德主体差异的考察，则体现了道德主体的多样性和丰富性。

任何一种道德规范，都要通过与道德主体发生作用，为道德主体所认同才能发生作用，其主要体现在道德规范的他律性和自律性上。道德规范的他律性通过外在约束力和外在导向的功能起作用。然而只有道德主体的内化，将他律转为自律，才能真正体现道德规范的道德性。道德的自律性集中体现为道德主体自身的意志约束。首先，它表现为对道德规范他律性的认同；其次，它表现为主体自己为自己立法；第三，它集中表现为意志对爱好和欲望的把握。道德良心成为道德规范自律性的最集中的表现形式。

由于存在个体的道德主体和群体的道德主体，因此，在道德评价和判断中，就有两种最基本的方式，即自我评价和社会评价。道德主体的自我评价，是个体或群体对自己行为所做的一种善恶上的认识，是他依据自身的价值取向，对自身行为做出的道德判断。道德的社会评价是群体依据社会舆论对道德主体的评价。在对道德主体进行评价时，应注意将自我评价和社会评价统一起来。

在研究道德主体问题时，既要反对那种认为道德无主体的说法，也应反对一味突出强调道德主体个体性，从而抹杀道德主体群体性的说法。我们应该坚持辩证唯物主义的观点，清楚认识到道德主体也只能同时包括具体的个人和一定的个人所组成的团体、集团、阶级等两个层面。

道德调节是道德的职能之一，是指以道德的力量来规范人们的行为，以调整个人和社会之间的关系。人们生活在一定社会关系中，随时都存在着个人与社会、个人与个人之间的矛盾。在一般情况下，对于经济关系，要用经济规范来调节；对于政治关系，要用政治规范来调节；对于政权关系，要用法律规范来调节；对于道德关系，则要用道德规范来调节。可见，道德是社会调节的特殊手段，它可以使人们形成内心的善恶观念、感情和信心,自觉地按照维护整体利益的原则和规范去行动,从而自动地调整人们之间的相互关系。与别的调节相比,道德调节具有自己的特点。第一,它不以其他的东西为标准,而以善恶观念为标准。凡是合乎一定社会或阶级的利益和愿望的言行,就是善的;凡是违背一定社会或阶级的利益和愿望的言行,就是恶的。第二,它不像政治调节或法律调节那样,采用强制性的手段,而是通过社会舆论、传统习俗、榜样感化和思想教育等手段,使人们形成内心的善恶观念、情感和信念,自觉地按照一定社会或阶级的道德原则和规范约束自己的行为。第三,在处理个人与社会以及个人与个人的利益关系时,它要求个人为了他人和社会利益做出必要的节制和牺牲。这也是道德调节最重要的特点,普列汉诺夫说过:"总是要以或多或少的自我牺牲为前提。"

我们既要反对道德无能论,也要反对道德万能论,道德调节是可能的、重要的,但不是万能的。在社会主义社会,由于各阶层在道德上和政治上是统一的。再加上总体利益的一致性,道德调节将发挥越来越重要的作用。

相对于中国自汉朝以后的封建伦理而言,近代西方世界的大部分人在道德问题上很多时候都能像我国春秋时期的孔老夫子一样,敢于直面人的欲望。他们中间力求人们的欲望与伦理和谐统一的理论家有很多。例如,阿奎那伦理思想认为幸福就是"欲望的终极目的";笛卡尔伦理思想指出用理性支配情感、用意志控制自然欲望是道德的必要条件;卢梭伦理思想强调人性中有两个基本东西,一个是欲念,一个是理性;"性伦理学"则是建立在"性冲动是人的天性的根本部分"等三个基本前提之下的;亚里士多德在谈伦理时把至善和幸福作为其伦理学的出发点和归宿,他认为人应当具备适当的财产、健康的身体、善良的心灵,严格信守中道原则,顺应理性指导,使理性、情感、欲望和谐一致,这样的人就是一个有道德的人,也就是一个幸福的人。类似的观点在西方国家还有很多,而且在相当长的历史阶段得到过民众和社会的认同,有许多精华至今还在温暖着人们渴望过上快乐日子的心。

其实，无论东方世界还是西方国家，只要是出于对人的基本欲望和情感的尊重，从人的生活实际出发而提出的伦理道德准则，就一定经得起历史的考验。孔子的"己所不欲，勿施于人"和《圣经》中的"无论何事，你们愿意人怎样对待你们，你们也要怎样对待人，因为这就是律法和先知的道理"不就是同样的一种处世态度，同样的一种生活智慧，同样的一种伦理道德观吗？不同样是千百年来世人共奉的黄金般的定律吗？

历史将会进一步验证：虽然伦理道德的内容会随着人类自然环境和社会环境的变化而不断更新，伦理道德的水平也会随着人类的物质文明和精神文明的进步而不断提高，但无论哪一个社会阶段，主政者所倡导的伦理道德，都必须始终理智地对待人们的欲望，才能为社会的安定与和谐奠定良好基础。笔者认为，为人们满足欲望、获得自由和幸福而提供精神力量是社会伦理道德不可推卸的责任和义务。如果说一个能为自己和公众创造物质财富的人是创造物质文明的优秀者，那么一个能为自己和公众创造精神财富的人就肯定是精神文明的优秀者。但是要牢记，人要成为精神文明的优秀者不仅要有物质文明做基础，还要有自身扎实的文化知识功底和高档次的理智与热情为前提。人类真正的伦理道德总是先在勇敢又乐观地创造物质文明和精神文明的人身上体现出来。

阶级社会中，伦理道德对欲望的反应有其二重性。就个人而言，伦理是让欲望得以顺利实施的需要；就团体和社会而言，伦理是让欲望得以净化进而让思想和行为达成统一的体现。个人与个人、群体与群体、国家与国家之间伦理道德水平的差异也都源自于各自的生存环境和整体素质。作为一个国家来讲，除经济条件之外，教育的好坏、法治与民主化氛围的强弱，是其伦理道德水平高低的先决条件。马克思提出：处理个人与他人、个人与社会的相互利益关系的准则应成为道德的基本原则。这也就是人们今天提到的伦理学基本问题以及由此引申出来的伦理学基本原则问题。基于这个原则，笔者认为伦理学还应当有规范人与环境、人与自我等行为的责任。也就是说，如何站在理性的立场上，处理好自己与他人、与社会、与自然等方方面面的关系，永远是伦理道德的主要内容。而对欲望的相互理解和尊重，让个人欲望服从于社会欲望，随时随地让欲望接受自然规律的教化和警示，有始有终地让自己的欲望理性化、至善化，是伦理学的主要任务。维护社会秩序、促进社会和谐，让大家都能满足合理的欲望和拥有幸福生活是社会伦理道德的主要责任和核心意义。

  道义面前人人平等，但愿每一欲望的个体，都勿以私欲乱公德。

  笔者认为伦理道德与欲望的关系就好比是牧童与牲口的关系，其理由是：首先，从某种角度上讲，牧童好比是道德的主体，其为牲口服务的热情和责任感就很像是道德为欲望服务的那种热情和责任感；其次，牧童对牲口的驱动和看管又好比是道德对欲望的约束与调节；最后，就是正如中国古话所说的"放牛娃儿赔不起牛"一样，如果碰上大的变故，那么道德对欲望的节制和规范是起不到大作用的，道德更难以承担因管制不住欲望而让欲望危害了他人乃至社会的责任。

  毛泽东同志曾提倡对传统道德要用辩证唯物主义的"扬弃"方法取其精华、弃其糟粕，对国外的道德传统要根据自己的国情加以吸收和改造。处在新时代，我们更要从实际出发不断提高个人和全社会的伦理道德水平，让道德这位神圣的"牧童"看管好"牲口"般的欲望。

第四节　法律——欲望的堤坝

　　前面有过的探讨让我们认识到：道德只能对善于将自己的欲望理性化的人给予心灵的净化和行为上的指导与节制。对于欲望难以理性化或理性化尚未达到一定程度的人来讲，道德这个概念是说不清道不明的。在不同的环境里，人们对道德有不同的理解和判断，因为与法律相比较，道德相当于人们内藏的行为准则，是主观性很强的东西。用中国的阴阳学术来讲，道德在与法律配合一体的太极中属"阴"，而法律则是人们行为中的外部准则，客观性很明显，是对应中的"阳"。

　　道德的"阴"变功能很强，行迹也很复杂。在人类欲望的潮流中，很多时候、很多情况下，欲望的强势者往往就成了"道德者"。正如台湾著名作家柏杨曾有过的一段精辟论述："道德是怎样的一个玩艺儿？女人淫荡通奸是不道德的，甚至是犯法的，而男人淫荡通奸不但不被认为是不道德的，反而视为风流韵事，可以傲视群论。女人嫉妒吃醋是不道德的，而男人嫉妒吃醋却不但不被认为不道德，还往往认为是天经地义的。"这种论述要表达的意思跟当下"老板醉酒曰豪饮，员工醉酒叫贪杯"之类的舆论所讽刺的差不多，都是在说：很多情况下"道德随人拟，强者便是理"。现在我们问：当你对道德形象的难以捉摸有了如此的领会之后，你还坚信道德作用的万能吗？肯定不会！

　　私有制产生以前，社会关系和社会秩序是没有阶级意识的。就算是私有制开始萌芽到初步形成的阶段，人类社会的伦理习惯也就是维持人际关系和公共秩序的主体准则。随着奴隶社会的开始，由于人们对物质获取和占有欲望的不断强烈，使得伦理在私欲横流的动荡中显得无可奈何。于是，一种反映奴隶主意志，以确立和维护有利于奴隶主的社会秩序和社会关系为目的，由奴隶制国家的最高统治阶层制定或认可并以其国家强制力保证实施的行为规则便开始产生并不断完善。这种行为规则的显著特征是带有强制性，表现出来的都是权力意志。它是统治阶级从自身的利益出发，在自己的权力范围内形成的整体行为规范的依据，凭借着国家强制力的保证而被普遍推行。即便是在独裁者横行的社会中，这种规则也可以由统治者通过转移社会关系视线的欺骗手段而被人们认为是社会或群体意志的体现。这种规则有自己独特的产生、成长和表现风格。不过，最终它还是会伴随社会文明的进步而不断简易，然后直到完全消失为止（那是后话）。这种由先前活动中的软规则（或称"阴"规则）热化而出的硬规则（或称"阳"规则），被人们称之为"法"。阶级社会中，法的本质是统治阶级意志的体现。

如果我们用欲望演进的历史观来确定先前无阶级社会和有阶级社会的界限，那么人类由原始社会进入奴隶社会的起步，是从国家最高权力位置的配坐者对其位置和权力开始产生私欲意识，并在这种意识的支配下为保护其私欲的实施而制定且用强制手段施行新的社会行为规则时开始的。这种新的行为规则也就是人类最初的"法"。

法是统治阶级用以调整社会关系，确立和维护有利于自己利益以及整个社会秩序的工具。法律与人的欲望也像道德与人的欲望一样，是既可能对立又可能统一的。那么，怎样才能让法律与人的欲望相协调呢？回答这个问题时，对于有过长久治理黄河经验的中国人来说，很容易找到一个非常形象的比喻来说明道理。那就是说，如果把人的欲望比作黄河之水，那么黄河的堤就好比是法律。要做到令河水不泛滥成灾，则河堤必须牢固坚实，而且护堤者还要经常注意对水势进行观察，对堤岸进行保护与加固。洪水期，护堤者还要有超前的防患意识，要预备好分流设施，并且要警惕本来就高出于两岸居民生活用地的河床（黄河流域的特殊现象），防止其堤岸随时有崩塌的危险。还有，假若某一处需要对河流进行改道，那么新开河道时至少要考虑水的动向规律以及流量、流速等情况，然后再确定河道的宽窄、深浅、拐弯度等方面的规格。这个比喻告诉大家：法律的制定和实施必须在全方位衡量经济基础和政治实力的同时，特别要注重被节制对象的欲望实际。

对于法律的认识和理解，笔者认为有一点很值得注意，那就是如果把人类的全部活动分为三大块，即政治活动、经济活动、文化活动，那么法的建立（立法）是一种文化活动，而法的实施（司法）则是一种政治活动，对法律敏感性最强的是经济活动。立法是人在欲望的实施中对正常的人际关系和稳定的社会秩序怀有良好愿望的表现；司法则是相关的权力部门依照法律对因欲望或情感的矛盾而引起的民事、刑事案件进行侦查、审判的过程。

各项社会活动既是立法的基础，又是司法的主要服务对象。所以，当立法的民主意识越强的时候，人们欲望的期望值就显得越高，法律对人际关系和社会秩序的良性运作的保证性就越强；当司法越公正、越有诚意接受民主监督和评价时，民众利益和社会利益就越有保障，国家的政治就会越稳定，经济就会越繁荣，文化就会越丰富而有生机。

在叙述世界近代历史时，历史学家习惯于将那些带有变革和创造特色的运动称为"某某革命"，如"英国资产阶级革命"、"法国大革命"、"世界工业革命"、"俄国十月社会主义革命"、"第二次技术革命"，等等。为什么这样呢？因为这些社会活动的实质是通过打破旧的生产关系、建立新的生产关系来解放生产力，推动社会发展。这些运动是发自于人的欲望、有着不断趋向于合理化地满足公众欲望的强烈势头的。这也称得上是社会进步的具体表现。

20世纪以前，中国农民运动也曾风起云涌，但除洪秀全领导的太平天国运动因略有点革命意识和革命行为倾向而被称为"太平天国革命"之外，其余几乎没有被称得上是革命的。中国封建社会农民运动的宗旨无非是"均田地，等富贵"，结果无非是"成则王，败则寇"。运动的发起也无非是因统治阶级的欲望无节制，被统治阶级的欲望不能满足。当社会上大多数人连起码的生存欲望都得不到满足时，则很有可能会出现"众弱之欲，相聚也酷"的情势。"哪里有压迫，哪里就有反抗"这是历史的真理。我们认为，不管反抗是采用暴力行为，还是经济手段，或者是文化运动，如果称得上是有政治意义的革命，那就应该尽量集中群体意志，通过有效的法制途径，以理智的态度及方式，解放和发展生产力，促进社会进步。也可以说，革命应当是其组织者和参与者以坚强的意志用理智的方式为解放生产力和促成法律面前人人平等而展开的活动。拿这个标准来衡量中国封建社会的农民运动，大家想想，有哪几次（包括每一次改朝换代）是以捍卫法律尊严为宗旨的？还有，除了渴望得到土地的所有权，想拥有受人尊敬的社会地位和着迷于金银财宝之外，哪一次农民运动的领导者考虑过发展生产力等方面进步的事？所以，时至当今，人们只能为两千多年来，特别是近代史上封建统治者在伦理、法律、教育、科技上的愚昧以及经济上的闭关自守、夜郎自大和政治上的情不近理、鼠目寸光而仰天长叹。

　　历史告诉世人：人类所有无视于为发展生产力和争取法律面前人人平等的运动，一般都是满足私欲的一种"炒作"，而且大多数是在制造混乱；还有，一个国家要确保公民正当的欲望得到满足，光有立法是徒劳的，有法不依或执法不严很多时候比没有法律或法制不健全的负面影响还要大。所以，国家实行法治，立法是基础，司法才是关键。不过，要营造良好的司法氛围，从而以利于捍卫法律尊严，令全社会的欲望（无论其理性化程度如何）都在法律面前肯于节制，愿于平等，这不单纯是司法部门的事，还有赖于行政部门和全社会的努力。

　　有人说美国大发明家爱迪生一生中获奖和获专利的总额虽然非常可观，但爱迪生最终拥有的财富并不多，其中一个主要原因是爱迪生为了保护自己的发明权益而在法庭上花费的钱太多。为了"打官司"，单请律师的钱就占去了他财富总额的相当大的比例，估计可能超过了他发明专利所得到的收入。为此，有人说爱迪生是因太看重钱而使结果适得其反；也有人说爱迪生太自私、太固执，他搞科学发明是高手、是伟人，但为人处世却显得平庸，甚至有些刻薄。是这样吗？这里姑且不论其他方面，单就法律观点上讲，笔者认为爱迪生是开明、勇敢、公正而坚忍的。他通过法律手段维护自己的正当权益是无可非议的。他不惜巨额资金，除捍卫自己的利益和人格尊严之外，更重要的是他为当时科学技术的进步乃至整个社会的法治呐喊助威、杀开一条"血路"。他让违法者，尤其是那些想以盗窃他人科研成果而升官发财的无耻之徒，败落在法治之下。如果说爱迪生的科技发明是为人类造福，那么他的护法精神更像是保护世界上勇于科学探索、精于技术发明者的战士。笔者认为，在自然科学和人性世界中爱迪生都在努力地追求真、善、美。

法律的实施和欲望的实施一样，都需要懂得妥协。例如，英国的"光荣革命"就包含习惯于独裁统治的国君将自己的独裁欲望向"立宪制"的妥协，也包含新兴资产阶级代表向旧制度做出的一些妥协。有了这双方面的妥协才形成新的治国格局——君主立宪制。日本的明治维新运动也是凭借封建地主阶级和新兴资产阶级都能在新的法律面前相互妥协让步，才达成了民族发展意识的统一。

中国改革开放在展现中国人民勇于与时俱进、开拓创新精神风貌的同时，也凸显出政府和人民为了祖国的发展而具有互相理解、互相体贴的智慧，所以才取得了辉煌的成就。

法律像是人类欲望的堤坝。站在理性的角度讲，法治之下，人们的欲望潮流最终还是会像百川汇入大海一样，朝着公众利益的方向前行，这是发展的趋势，也是人类欲望演进的必然。

第八章　人类欲望演进的概况

马克思主义的社会发展理论告诉人们，人类社会的发展已经历过多个历史阶段。我国现在正处于社会主义初级阶段。纵观历史，人类欲望的整体性演进在每一个历史阶段都各具特色。

第一节　原始社会欲望上的单纯粗朴与挑战环境

研究者对人类起源的推想是：在进化中，古猿分衍为三支。其中一支成为类人猿，一支被自然淘汰，一支则发展为人类。成为人类的一支之所以能优于其他两支，关键取决于在发展中的自主劳动及其思维活动。

也许是所遇环境的差别，也许是某些活动上的差异，使得人类与其他猿群产生了智能上的差异。这种差异哪怕是从极其细微的表现开始，也成了人与猿类分野的关键。恩格斯指出：人类之所以最终脱离单纯的动物状态而转变为人，主要是劳动因素决定的，"劳动创造了人本身"（《马克思恩格斯选集》第3卷）。

如果说单纯的为求生存而依靠动物本能谋取食物的活动还不能算作人类的起始劳动，那么又正如恩格斯所说，劳动是从制作工具开始的。也就是说，人类是在古猿开始渴望有劳动工具而且又能自己制造并使用工具这个过程中产生的。在原始社会中，生存欲望的满足是人类劳动的根本动力。

有了新的欲望做驱动力，人类在求生存中征服自然的心愿便不断强烈。就制造劳动工具而言，人类在利用劳动工具解决了很多困难从而尝到了工具带来的甜头时，制造工具的欲求便更加迫切，热情也更加高涨，制作技术也会不断进步。于是，人类满足欲望的步伐会不断加快，欲望满足的内容也会不断增多。

当劳动和生活中人们彼此间的交流进步到不再是简单的动作和声音能表达得清楚时，语言和思维随之冲破了萌芽的黏膜。从此，人类欲望的表达更加明朗化。

研究表明，是人们发现被自然火烧烤过后的野兽肉比猎获的生硬带血的野兽肉更好吃，更容易消化，以及人在寒冷时身体靠近火更舒服……于是对火产生了浓厚的兴趣，进而对火的利用使人类的欲望从那些最原始的满足中大上台阶。摩擦生火第一次使人类支配了一种自然力，从而最后把人从动物界分离出来。

原始群体的形成起初是因为，人们只有依靠集体的力量才能和自然界进行斗争，求得生存。这众多单个欲望集成一体，就如树木身上囊包支干且为其整体生长不断运送水分和养料的树皮，具有独特的整体性。

已生的欲望在逐渐地获得满足，而且这种满足不断地带来新的欲望萌芽和成长。

人类思维的日益活跃，让人对其生存和发展环境中诸多现象的认识水平不断地提高，当原始人群的遮羞欲和护体欲通过语言和行为表达出来后，社会的进步又有了一个飞跃——以血缘群婚制的原始集团变化成为族外群婚的氏族。

无论是母系氏族时代，还是在父系氏族时代，人类欲望的主流都是求生存。这种生存欲望的增强与劳动工具由石头做原料到金属做原料的进步相类似。

人类征服大自然的能力越来越强，人的欲望档次也就跟着不断地升高。当人类产生了美欲和希求欲的时候，艺术品、记事符号、自然崇拜与图腾崇拜也随之产生。

人类活动中从来就是这样：欲望激发行为，行为又引起欲望的不断变化和发展。

原始社会蒙昧时代人类满足欲望的最大特征是采集天然食物以谋求生存。在依靠天然食物求生存的过程中，人类欲望的不断实施和凝聚，促成了自身发展的三个大飞跃——制造了工具、学会了使用火、确定了分节语言。这三个大飞跃是人类劳动的圣果，同样也是人类欲望溢出的甜汁。

人类社会的发展与人类本身的繁衍一样，是承前启后、气脉相连的。很显然，在原始社会的蒙昧时代就孕育着野蛮时代的芽儿，而野蛮时代的特色还非常浓厚的时候，文明时代的征象也开始显露。

美国人类学家路易斯·亨利·摩尔根在他的《古代社会》中把原始人类因陶术的发明作为其从蒙昧时代进入野蛮时代的符号，把文字的发明和文献记录的出现作为人类从野蛮时代进入文明时代的标志。后来，恩格斯在《家庭、私有制和国家的起源》一文中对《古代社会》中的观点做了肯定。笔者认为两位名家所定的符号与标志——陶瓷术和文字及文献记录也都是人类欲望在艰辛练达中的丰碑。

推想中，当一群蒙昧时代的劳动者来到他们曾经纵火围猎或是一个自然火泛滥过的地方，他们发现有些动物的肉被火烧烤得烂熟。于是，他们很需要盛装烂熟动物肉的器具，而当他们随身携带的竹木或自然石类盛器很不足用时，在欲望的强烈驱动下，寻觅中的偶然让他们发现地上柴灰中有一种类似石块而又并非石块的东西可以用来盛装那些烂熟的动物肉，这种似石非石的东西便是由本身具有一定形状的黏土被柴火久烧而成的。由此，陶瓷被模仿成功了。陶瓷术的问世让人类的欲望活跃得像蛟龙一样，而人类社会的物质世界和精神世界便是这蛟龙的海洋。

人类掌握了陶瓷术之后，征服自然和改造自然的欲望更加强烈。因此，旧石器变成了新石器，发现和使用自然金属进步到了冶炼金属并使用自己制造的金属工具……

总之，在整个的原始社会中，无论是觅食还是求用，不管是宗教的开始还是道德的初成，一切的一切都是由人类欲望的召唤而来，并且这种召唤也不断地让人类的情感、理性得以生发和成形。

原始社会人类欲望最主要的特征是单纯粗朴。大家欲而互助、望而不争、和谐共处，在顺其自然的同时也挑战环境。

原始社会是人类社会发展的第一个历史阶段，是一个没有阶级没有剥削、无欲望档次上的参差、无欲望满足中的优劣等级之分的社会。正因为这样，所以原始社会人性中的欲望显得特别简洁。

由于原始社会中人类欲望是自由地产生和发展的，因此，笔者在叙述原始社会人类欲望的产生和发展时也比较自由。

第二节　奴隶社会欲望上的压抑束缚与向往平等

随着生存质量的不断提高，人类在劳动中的血汗和智慧结出了一种视之平凡而用之神秘的果实——剩余产品。剩余产品的出现，令人类欲望的再生和发展增加了一种神秘的刺激素。面对剩余产品，公而享之，大家精神焕发；私而吞之，为者心狂意乱。这迷人的剩余产品一出现，人心便开始各具形态，社会便随即动荡不宁。私吞者在尝到占有欲得到满足的甜蜜后，变得更加乖巧和疯狂。他们挖空心思，把能结出"剩余果实"的"树苗"连根拔起来，然后张牙舞爪、凶相毕露地据为己有。

刚有剩余产品出现的那个时期，生产力还十分落后，生产资料的主体是人力。于是，成群的人力也"连根"地被那些惯于强行占有剩余产品的人占有着。这占有与被占有的局势一经形成并进入固定化时，人类社会就形成了两个最基本的阶级——奴隶主和奴隶。奴隶主的前身就是那些最先对剩余劳动成果有着强烈占有欲的那些人。当奴隶主的占有欲开始更大化的实施后，他们不但占有了奴隶付出的劳动，而且还占有了奴隶的全部自由乃至生命。成全奴隶主占有欲的，不是神的意志，而是人类社会的发展规律。

人与人之间欲望的较量并不是一个回合便分赢输的，人力和人身自由乃至生命的占有与被占有当然也不可能一个招式便成格局。

奴隶主是贪婪地吮吸着剩余产品这种甜美的乳汁而产生和成长起来的。后来，欲望不断膨胀的奴隶主把魔爪伸到了奴隶的全部劳动产品乃至整个的劳动和人身自由上。继而，奴隶主为了满足自己更多的欲望，总是不断地营造氛围、变化伎俩，千方百计地对奴隶进行欺骗、压榨。而与奴隶主处在同一时间和空间、在利益得失上却完全受奴隶主控制的奴隶，其欲望就像植物的种子因为没有遇上阳光和水分便不可发芽那样，得不到满足。因此，奴隶的欲望往往在长时间内毫无生机。在整个奴隶社会中，奴隶的欲望十之八九最终或附着自己的身躯被埋进了土坑，或干枯于荒野。

奴隶为活命或回避痛苦而劳作，奴隶主为享乐和攀比而占有，是整个奴隶社会两个对立阶级欲望上的主要差别。除意境欲望之外，奴隶的全部欲望都在奴隶主的掌控之中，这是奴隶社会中人类欲望的主要特点。

较之于奴隶社会之初统治阶级那种横行霸道和无度享乐而言，后来的一些统治者在奴隶也敢于起来反抗的历史教训面前，其占有和贪乐之欲多少有点收敛。他们不再敢一味地以"顺天命"做背景来放纵自己的欲望，而是一方面仍然借天命思想以维护他们对奴隶的统治，另一方面则借用"德"来解释"天命"，以便让自己的欲望显得体面一些。发生上述变化的原因当然不是完全出自于奴隶主阶层的天理良心，而是除前面提到的奴隶的反抗之外，还有两个原因：一是因为统治者内部发生争斗引起统治阶层的核心集团产生更换，让刚上来的新享乐者总喜欢在享乐的篷台上换换花招来安慰自己、欺骗大众；二是享乐阶层为了享乐味道的新鲜、档次的升级，他们不但想永久地占有奴隶的劳动和身家性命，而且还想不断地把奴隶的创造潜力挖掘出来一并占有。为此，他们便把以前的"硬天命观"加以"德"汤一调，便变成了在他们看来更能愚弄被统治者的"软天命观"。这种变化，既可以让统治者自己的综合性享乐欲望得以满足，又可以表面关顾一下广大被统治者以生存保障和精神慰藉为主的希求欲。

中国历史上曾经发生过公有制社会和阶级社会交替的第一仗——甘之战。禹的儿子启以替天行道者的打扮闪亮登场，凭着兵强马壮、势大力猛，废除了古来已久的禅让制，继而承袭父位，登上王座，建立夏朝，进而大饱私欲。他把自己将公天下变为家天下的行为说成是老天爷安排的。启还给因反对他夺天下而起兵抗争的有扈氏横加了不少罪名，以示自己继王位、得天下是替天行道。启最终趁着众下属痴迷于物质和精神享乐欲的定势，为自己开通了王道，坐定了天下。接下来，以启为首的整个统治集团在对物、权、声、色等众多欲望暂时感到满足的同时，还得意地向天下标榜自己"替天行道"的功德。

同样，下一位主持改朝换代的首领也自然会懂得变化之理，而且在宣传更换朝代的理由时，姿态也会更加"动人"。夏朝桀王统治期间，商汤率领各路诸侯在安邑西的鸣条大败夏桀，又乘胜消灭了其他反抗者，登上了天子宝座。回到都城亳（现在安徽境内）后，天下万邦纷纷前来朝觐。商汤则趁机向他们昭告讨伐夏桀的原因和理由。史官记录了这件事，写成《汤诰》。《汤诰》中特别强调了"天道无亲，常予善人"的观点。

　　古代的天命观从"天子受命于天，亘古不变"发展到"天道无亲，常予善人"实在是一个了不起的进步。这是"德"的一个飞跃，也是人们从习惯于用纯感情支配欲望逐步迈向注重欲望、情感、理性三者尽可能协调的又一个里程碑。

　　人类欲望的演进是以物质利益为基础的。历史颂扬的禅让制只能是物质公有制中平均享受原则上的产物。一旦社会形成了物质私有，统治者的意志便受到了物质占有欲的牵制，其精神世界也因负荷太重的物欲而无法体验出大圣先贤们禅让中的舒畅与纯洁。他们恐惧禅让后的失落，他们更担心私欲被禁锢后的无奈，他们还有耻于"虎落平阳被犬欺"的惨相，甚至时过事忘、人走茶凉的现实他们也不愿面对。于是，他们不肯禅让了。他们不断地打扮自己，不断地创建自己"替天行道"的新模式，直到他人用标有"天道无亲，常予善人"字样的旗、鼓、刀、枪将自己取而代之为止。这一切都是历史的必然。这段历史给人的启示是：政治体制和社会模式必须与人类欲望的进展实际相适应。

　　在奴隶社会中，奴隶主的欲望从占有剩余产品起步，发展到占有奴隶的整个劳动、生命和子孙后代，而奴隶因为没有任何物质生产资料，也就很难跳出奴隶主的压迫之圈。不过，有一点值得注意，那就是当社会生产力形成一定的发展趋势，奴隶主刻意高效益地从奴隶身上榨取好处的欲望拌和着奴隶们期待自我利益也能得到某种改善的欲望后，便时不时会产生一种生产上的合力。这种合力也确实奇迹般地推动了生产力的发展。

物质资料的生产是人类生存和发展的最大需要。在奴隶社会中，当经济基础有了一定的承载力后，奴隶主为了让自己的享受欲更能得到满足，在集中和整理奴隶们于劳动中积累的经验和智慧的同时，又百般引诱或强迫奴隶按他们的要求投入更复杂、更辛苦的劳动之中。这种行为上的反复，当然又是快活了奴隶主的欲望和折腾了奴隶们的欲望。

奴隶社会中，统治阶层的更易基本上是一个富有集团与另一个富有集团相互争夺的结果。奴隶只能充当他们欲望上的进取工具或固守不让的挡箭牌。

历史告诉我们：在阶级社会中，没有一定的文化素养为纽带，没有物质利益为黏合剂，是无法将分散的个体联合成群体的；没有与社会体制结构相融合的文化底蕴，那么该社会中的统治者是难以很好地掌握该社会的统治权力的。奴隶社会中，一旦奴隶的欲望从单纯的求生存上升到了求平等、求自由的层面，奴隶们的欲望就有可能于同一平台产生呼应和联合，汇成一股力量，让奴隶主的统治舞台发生晃动或摇摆乃至彻底倒塌。促使奴隶产生求平等、求自由之类欲望的根本动力，是生产力发展到能让奴隶在不断扩大劳动范围和产生劳动交往的过程中有机会得到一定的文化熏陶或文化氛围的感染并产生情感交流之后，内心喷射出的那种对奴隶主压迫过重的反抗情绪。这种反抗情绪一旦得到相应的文化的整合和升温，就可能形成一股不可抗拒的力量。这种力量完全有威力反抗奴隶主的残暴统治，直至把奴隶制彻底毁灭，开创出一个新的社会局面。

不过，尽管奴隶们追求平等的愿望不断地加强，但真正的平等只能存在于追求者的向往之中。所以，在奴隶社会，尤其是奴隶社会末，人们总是特别地追忆原始社会的公平。

第三节　封建社会欲望上的专制盘剥与角色转换

　　生产力在不断发展，生产关系也在不断发生变化，这一切都是由人类的欲望通过具体的活动模式而演绎出来的结果。

　　奴隶主的占有欲、享乐欲与奴隶的生存欲、自由欲经过反复较量后，先前奴隶主为了满足占有欲而制造的种种迫使奴隶就范的枷锁、牢笼以及奴隶主为了满足自己多方面欲望而精心设计的各种把戏都不再适应新的时局了。社会在动荡，人们的贫富也开始新的定位。那些只习惯于板着贪婪面孔却不知道适应新时局的奴隶主，在人们欲望急流的拐弯处完全把不住舵。他们不仅眼巴巴地看着自己的财富不断减少或完全丧失，而且原来的"富有者"身份也面临着烟消云散般的境况。在旧统治阶层中，只有懂得让欲望适应新的生活环境和让欲望更换新的实施方案的那一部分奴隶主，才有可能继续拥有让自我欲望得到满足的条件。同时，灵巧而不乏勇气的一部分自由民，甚至还包括少数的智勇双全的奴隶，他们就像尽管一时找不到船筏帮助过河但能凭着自己的灵活和硬功夫游过江河一样，凭着放飞自己欲望的本领逐步登上了富有的彼岸。

　　更明白地说，奴隶制的被推翻是因为奴隶们强烈的生存欲和自由欲在奴隶主残酷的压迫中汇成一片火海，然后这火海将奴隶制彻底焚毁。封建制是在奴隶制被毁灭的同时，那些善于变化欲望模式的奴隶主和一部分精明的自由民甚至还包括极少数智能出众的奴隶，通过把实施欲望的手段由控制奴隶的劳动和人身自由转移到控制土地的所有权和土地的经营权上才逐步产生的。虽然当事者无所谓奴隶制和封建制的概念，但社会的进展实况确是这样。至于实实在在的奴隶，他们的最根本的欲求是生存的保障，再者就是获得人身自由。在当时的环境中奴隶想直接当上封建地主，也就是产生欲望跨越式满足，肯定是很少有的。

　　封建制度把无力获取生产资料的劳动者推入以土地为媒介的、更换了剥削和压榨方式的新的欲望圈套之内后逐步形成。封建制度下，土地的实际耕耘者不得不面朝黄土背朝天、竭尽全力地为创造劳动产品而付出劳动、倾注心血。与奴隶社会有些不同的是，封建社会受压迫的劳动者之所以不遗余力地劳动，一是由于被迫；二是出于让自己在求得生存的基础上尽可能地积累财富，以便寻机摆脱遭受压迫和剥削的处境；三是他们也欲求自己能逐渐拥有更多的生产资料，从而挤进富有的行列。

正如马克思在《资本论》中所述："地租的占有是土地所有权借以实现的经济形式。"封建社会中无论是劳役地租、实物地租，还是货币地租，都是土地拥有者根据具体情况从土地耕耘者身上榨取利益的形式和手段。

人类社会由奴隶制发展到封建制，这是欲望演进的必然，也是人类文明的又一个飞跃。相对于奴隶社会而言，封建社会的初步形成和发展让人的欲望更加活跃。生产关系上角色转换可能性的增大，大大地调动了劳动者的生产积极性，使生产力得到了空前的发展。生产力的发展让经济基础有机会得到相应的改观，经济基础又决定着上层建筑。整个的封建文明都沐浴着封建经济基础的雨露阳光，春笋般地成长。于是，政治的、宗教的、道德的、法律的、哲学的……无不披上封建式的彩衣。这一切，无论是真知还是偏见，不管是虔诚还是虚伪，也莫究是善化还是欺骗，更不辨是保护还是残害，都是人类欲望世界的一种召唤。

封建社会中通过利用土地而获得利益，是全体享受这种利益者维持生存的根本，也是他们不断产生新的欲望的催生剂。在封建社会的每一个朝代，按照统治阶级的意志而形成的等级制，其总体模型是金字塔式的。等级制是地主阶级霸占土地资源和统治地位的一种手段。有了等级制，那些无德无才的伪君子便可以依仗等级优势满足自己的种种欲望。等级制既是封建统治阶级放纵自我欲望的堡垒，又是困惑和阻碍人们理性发展的鸿沟。

不管是在哪种社会，就某一圈定的利益范围之内，人们欲望的较

第八章 人类欲望演进的概况

量都会显示出强胜弱衰的情况。强者有权力和财富做靠山，弱者通常只能是委屈生存、自认命苦。

世界各国历史中大同小异的是：自奴隶社会与封建社会的交替之际开始，人类欲望奔流场上的凶狠、狡诈，无不花样百出。竞争的残酷令参与者乃至某些"旁观者"都心惊肉跳。怎样才能善化人的欲望？如何方可和睦世界？针对这些问题，很长时间以来，各阶层中都有许多人用心琢磨过。人们总想通过宗教、道德、法律等多种途径和手段来梳理和驾驭人的欲望。历史上对人们欲望施以善化的过程中曾出现过许多门派与名人。

靠经营土地而产生利益是封建社会的主要经济来源。统治阶级以这种经济为主要支柱，搭起了自我欲望表演的大舞台。这个舞台的造型仍然是金字塔模式。越是处在上层的，其表演越有可能得意忘形、不近情理。他们无视下层对自己的承载及"烘托"，常常以"君权神授"、"福自天上来"而自居自傲。特别是最高统治层面的角色，他们为了满足自己的种种欲望，在自己的平台上尽情享乐。为了防止下层的动乱，他们以军队、监狱、宗教、道德等多种管制手段对下层实行软硬兼施的统治，令各阶层服服帖帖地听从摆布。每当他们相信平台暂无安全上的隐患时，他们欲望上的放纵式表演更加狂妄和奸狠，并且还不时连哄带吓地令下层为之极力喝彩。这怪异甚至有如野兽般的欲望表演，无疑会激起社会矛盾的日益恶化。这种恶化的最终结果当然是欲望表演舞台的毁灭和表演者的更换。

要顺便指出的是，某一个封建式的统治阶级的欲望舞台的倒塌或毁灭并不一定意味着社会制度的进步，大多数情况下接替者所进行的只是封建制度的重复。历史反复证明，决定社会进步的关键因素是生产力的发展，而不是统治者的更换。

封建社会中，生产资料占有阶层的享乐欲越放纵，他们对自己的表演舞台的装饰也就要求更高。随着社会分工的不断多样化以及商人和手工业者的专业化，令社会的经济发展更具姿色，而且这种发展将长期顺应人类欲望的大潮流走。一切文化和艺术的发展也和商业与手工业的发展一样，无不打上人类需求欲的烙印。

　　头顶同一片天，脚踩同一块地，人类社会却因欲望的产生及发展，特别是实施条件上的不平等而出现强者常常骑在弱者的头上作威作福，弱者却很难跳出困境的局面。不过，正如古人所说："水能载舟亦能覆舟。"在压迫者和被压迫者的欲望不断碰撞与摩擦中，方位倒置和角色转换的事常有发生。特别是封建社会，政治和经济上发生角色转换的可能性更大，因为封建社会盛载人们欲望的主盘是土地，而对土地进行你争我夺时，其方式极为简单。

　　人类社会的欲望演进，由原始社会人们平等地为生存而寻觅自然食物为主，过渡到奴隶社会的奴隶主霸占奴隶的人力为主要生产资料并直接享有奴隶们的劳动成果为主，再转入封建社会地主阶级以土地为中介，间接地占有农民的劳动成果为主，那是一个漫长的过程。这个过程的时间到底有多长，是要分地块、看范围、论背景而言的。笔者认为，无论哪段地块，更无论哪个范围，也无论处在何种背景之中，决定人类欲望演进速度快慢的因素主要有两个：一个是内部演进中各方力量的较劲力度和模式走向；二是其外部环境的有利或不利，包括自然环境和社会环境。

　　虽然封建社会中也偶尔出现统治者与被统治者欲望上的协调，但这种协调最终都成了社会欲望加倍混乱的前身。

第四节　资本主义社会欲望上的贪婪倾轧与追求解放

　　当人类实施欲望的中介主要靠对土地的经营时，人们对土地所有权的专注和获取是绞尽脑汁、不遗余力的。然而，在土地给人类欲望的实施起基本保障作用的时代，真正对社会进步产生直接作用的是劳动者对土地的细心耕耘。因为只有在农产品丰盛的条件下才有可能发展商业和手工业，而只有商业和手工业发展壮大了才能孕育出人类欲望实施的新的媒介主体——资本。

　　如果说人们觉得对他人体力和劳动乃至生命欲望的驾驭远远要难于对土地的控制，那么随着人类智能的进步，人们会觉得对资本的支配比对土地所有权的控制又要轻松灵活得多。

　　令举世惊叹的是，与以前的人力、土地相比较，资本这个欲望实施的中介对人们的诱惑太神秘了。就全社会反映出的总体情况而言，虽然它带给人类的幸福感并不一定比曾经的人力或土地带来的多，但单就让人们在某种欲望上获得满足的速度而言，资本的功能就像飞机、轮船和火车在交通运输上的功能一样，能令将其利用的人们兴奋不已。

　　自从资本正式以媒介身份登上人类欲望演进的大舞台并操纵人们实施欲望的主要行为之后，人类社会为了满足欲望而打拼的场面真如狂风暴雨在呼啸，河波海浪在翻腾。资本家残酷的资本积累和新兴资产阶级与保守封建主义势力的拼命较量，再加上产业革命的风起云涌，经济危机的恐慌无奈，尤其是资本家唯利是图的阴险狡猾以及与之对应而出的工人运动的此起彼伏，合绘出一幅幅人类为多方面欲望的满足而展开活动的惊心动魄的画面。

　　资本，这个人类欲望实施的新媒介，它既不像奴隶们的体力那样驾驭不便，也不像土地那样固定呆板，它是随处可带、随时可用、随机可变的东西。有了它做欲望实施的媒介，人类的活动便日益全球化，兑现欲望的模式也日益系统化、复杂化。

工业越发达、经济效益越好的国家或地区对外扩张的野心也越来越大，行为也越来越不可约束。这表面看来是资本的威力，而本质上来讲这是人们欲望膨胀和相互倾轧的表现，是资本主义国家的欲望在资本运转这条大江河中狂奔猛泻的必然趋势。

人力是人体能的一种显示，土地是大自然的一种赐予，资本源于劳动者智慧和血汗的结晶。应当说，当人们利用人力、土地、资本充当载体和媒介来满足自己的欲望时，这三者本身无所谓善恶。

当人们的全部欲望都以资本为载体、以获取经济利益为目的而展开拼搏和冲刺时，人世间的活动场面难免脏乱毕现，丑态百出。不过，这也常常是社会飞跃式进展阶段的一种前奏、一种必然。最先掌握资本魔力的人，为了不断地扩大其资本的发展空间，便千方百计地笼络人心，不择手段地发展自己的产业。他们最初的伎俩一般是先把那些终身为生产农产品而费尽心血的农民从封建主的压制中解脱出来，再引诱他们与遍布城乡、有求于让自己挤进更大市场从而赢得更大发展前景的手工业者和正憧憬着美好新生活的居民一道，高举着"扫除行会、让个体自由发展、反对割据、搞活商品流通、废除封建制度、实行平等自由、建立新秩序、开辟未来幸福门道"的旗帜，往他们设计好的圈套里钻。最终，广大劳动者向往多方面文明的热情和资本主义者迷恋金钱的欲望，因为受社会发展的大势所趋而合成了一股不可抗拒的力量，这股力量拉开了资本主义社会的序幕。

与人力和土地相比，资本不愧为人类物质欲望中强而有力的主宰者。从资本以人类物质欲望上的主宰者身份出现起，人类社会的物质意识发生了前所未有的变化，精神面貌也大为改变。人类的一切似乎都在听任资本的摆布，都在为资本服务。资本这个本来无任何意识的纯物质的东西，在人类欲望的浸染、熏制以及驾驭中，似乎变得完全与人的意识相融合，以致它对主人意愿的领悟和为主人兑现欲望而做出的表现无不令人感到惊讶和无奈。你看，在竞争中代表某一个体或团伙的意志参战时，它从来六亲不认、唯利是图，到了粉身碎骨不回头的地步。为了标榜自身形象，扩大自身势力范围，它无视环境污染,不顾资源浪费。它视人的生命和自由为儿戏,试图把世界上的一切都据为己有。特别是跨出国门后,它恨不得片刻之间成为主宰世界的魔王。为了自己的强大,它常常以自己贪婪和倾轧过程中的阴险、狡猾及残酷而自豪;它动员所辖区域内的全部力量,虎狼般地吸食不同国家或不同种族的人民身上的"血";它把自己长年新陈代谢中的肮脏和腐臭随地泻落,严重地污染人类的生存环境和精神世界。为了争"霸",它的面孔就像恶魔在"变脸"。在它为了争霸市场而把整个世界弄得乌烟瘴气、一片凄惨时,虽然连它自己的灵魂都可能因之而颤抖,但是它还是一个劲地争,而且越争越凶狂。

拥有资本而又参与激烈竞争的人,总是弱者败,强者胜。取得了竞争胜利的,虽然胜利的愉悦让其得意一时,但他们也太累了。既脏又乱的环境、疲惫不堪的心态也让那些无数次闯过竞争风险的人感到十分惊恐。不过,他们贪婪的欲望并未因此而缩小,反而会变得更加不可收拾。他们一边继续对外较量,一边私下琢磨创新竞争方式。对手间,他们互相示意、彼此谋划之后,心里都清楚:竞争的目的无非是为了壮大自己,而着眼阵前,各对手都是风姿独具、"刀枪"在握,与其彼此伤害、相互消耗,不如转变方式,联手而进。于是,一种新的、更适合让资本得以壮大的欲望实施模式应运而生。这种模式就是垄断。

垄断起初至少可分为两种类型:一种是商品营销上的联合,一种是商品生产上的联合。这里,前一种侧重于利润上的猛增暴涨,后一种侧重于对经济危机风险的回避或减轻。两种手段的最终目的是一样的,都是让资本的操纵者能轻松地攫取利润,让利益空前地可观。

"百炼钢成绕指柔。"把这句话用在对资本的某种特性的描述上,可以这样形容:资本经过其操纵者的欲望这个大火炉的反复炼铸之后,它不仅产生了柔性,而且还产生了磁性和黏性。当资本在运作中汇集到了相当高的程度后,它能极其神妙地对圈内或圈外的同类产生出约束力或吸引力。达到这种境界后,它能随机应变地在生产和商业活动中穿梭往来,而且还能为其主人确定多方面的权益保护制度,它又能输入世界各地，为主人捞到巨额利润。与此同时，它还能为主人的获利而渲染氛围、构建背景。

资本啊！自从它成为人类实施欲望的主要媒介之后，地球上不知有多少东西随着它而落入魔掌。无数人正当的希求在它的传输中成了泡影，不少人为了得到它而折灭了同类，也有人为了无止境、无限度地拥有它而最终毁灭了自己。然而，这一切都不能怪罪于它，它本来是毫无意识的。造成这一切的原因，都是人们实施自我欲望过程的本身。可不是吗？希特勒把欧洲大陆轰炸得尸横遍野，日本人将东方世界杀戮得血流成河。他们最根本的目的是什么？还不就是为了获取称霸世界的巨额资本吗？

历史已经证明，人类的欲望及其实施手段虽然用语言描述不尽它们的内容、式样和作用，但有一点是任何时代、任何人也否认不了的，那就是在同一个天下，任何个人、团体、国家或民族要想通过彻底毁灭同类而满足自己的贪欲并大大方方地享乐下去是不可能的。

在追求资本的过程中，统治阶层的欲望所形成的贪婪和倾轧，对整个人类的生存环境、大多数人的切身利益以及相当一部分人的人身自由都会产生不利影响。对于广大底层劳动者特别是殖民地的苦难民众而言，来自多方面的贪婪和倾轧都是无法忍受的压迫和伤害。于是，在残酷的现实面前，反抗压迫和剥削、反抗侵略和欺诈、争取自由和解放的群众运动风起云涌。因此，马克思和恩格斯合著的《共产党宣言》就像神圣的火炬一样点燃着人类的正义火海。

虽然马克思主义不能直接代替社会的物质文明来改善广大劳动者的生活条件，但人们完全可以在马克思主义的启发和指导下把争取自身解放、促进社会公平、加快科学发展等方面的事情办得更及时、更合理。

人类毕竟是欲望、情感、理性三者合俱的高级动物。在资本主义社会中，虽然很多时候有一部分人缘于单纯被欲望主持着行为的动向和方式而干出了不少扭曲人性的事，但资本主义的发展也确实把人类社会的物质文明和精神文明建设推向了一个新的阶段。尽管资本主义社会里技术和科学的进步在很多情况下只不过是资本家满足自我欲望的"艺术"上的进步，但不可否认，这种进步带动或促成了人类社会众多领域的开发和创新。所以，在理性者的眼光中资本也有为人类的理性化拓宽多种渠道的一面。资本主义社会既是人类历史上人们满足欲望的混乱阶段，也是让整个人类夯实理性基础的关键阶段。资本，它作为人类欲望的载体和媒介何时才会退居二线，把载体和媒介的位置拱手让出，这是看似简单而实际却十分复杂的问题。长期以来，善良者想用仁爱来诱导它退职，正义者想用暴力威胁它下台，空想主义者想用幻觉虚构使它让位……然而一切都无济于事。迄今为止，这个媒介仍然是那样地狂傲，仍然是那样自以为任重而道远。不过，对于它到底在何种情况下要开始退位，什么东西会接替它的职能，出于好奇性和责任感，我们还是想在下一节做个粗略的探讨。

第五节　社会主义社会欲望上的公正和谐与弘扬文明

一、公正到来之前欲望与欲望的抗争

在资本使出浑身解数诱惑人类欲望的社会里，资本的垄断愈上层次，则其影响范围内的政治权力便与资本垄断集团的谋划融合得愈密切。这里，笔者先将关于垄断的上层次问题做些说明：第一，资本代替土地充当欲望实施媒介是以发展工业为前提的，而工业发展又是以科学技术的不断进步和创新为前提的。当科学技术能最高效地降低生产成本的时候，资本的增长就会越快。所以，资本增长上的竞争实质上就是科学技术的竞争，科学技术的竞争又是人才的竞争。当一个国家的人才培育权只掌握在少数资产阶级手中的时候，教育当然只会为资本的竞争和垄断服务。第二，笔者认为，形成资本垄断的渠道主要有两条，一条是由自由竞争所致，另一条则是由暴力手段完成。自由竞争这条渠道之所以能让资本形成垄断，必须有参与竞争者通过一定方式认定的以保护竞争环境、维护竞争秩序为职责的权力机构作背景、为前提，否则，竞争和垄断都将无法进行。所以，资本主义制度下少数人的权力特殊是资本垄断进入极端的祸根。至于通过暴力手段而形成的垄断，之所以依赖于暴力，简而言之有三个方面的原因。首先，可能是暴力之前社会秩序的混乱，令自由竞争无法持续发展。其次，可能是在某些特定范围内的竞争者中，相当一部分领头者过分狂妄于垄断。这使本势力范围内的中下层劳动者因生活得不到保障、才智得不到发挥、人格得不到尊重，久而久之便形成一股与统治者相对抗的势力。于是，残酷的统治者便会选择暴力型垄断。再次，可能是特定范围之外的资本垄断的海波式连带，令暴力垄断之渠得以形成。总之，上述三种原因，不管哪种起主要作用，只要是使暴力成了垄断的手段，那么这种情况中的垄断势必会令其威胁范围内的政治和文化都臣服于自己。而且，这种垄断要达到可持续发展的话，它必须有足够的活力同化和控制所辖范围内的大众欲望，必须有势力逐步让自己

第八章 人类欲望演进的概况

的原范围竞争扩大到更大的范围中去。

从对资本垄断的两条主要渠道的分析和认识中，又可以得出一个结论：要实现资本垄断就必然有一种左右其范围内政治、经济、文化格局的势力。一个个带有区域局限性的垄断都无法长久地满足操纵者漫无止境的贪享之欲，这种垄断必然会导致竞争和垄断的升级。在此基础上，我们再想这看似无休无止的竞争和垄断真的会像垄断者的贪欲一样漫无边际吗？应该不是。那么，什么是他们的边际呢？要回答这个问题，先考虑下面几个方面的问题。①如果资本垄断有朝一日进入了国际性纵横交错的模式，那么这种模式还有必要叫作垄断吗？②如果市场经济一旦全球化并且逐步走向成熟，那么成熟了的世界性经济与对应中的人类素质将会提高到什么样的水平呢？③当全世界各种垄断势力千撞百碰，最终令经济标准达成世界化的时候，物质上为人类的发展而无私奉献的地球以及人类赖以生存的整个自然空间，是不是也遭受了难以言喻的创伤？而且这种创伤除造成地球和整个自然环境开始对人类生存带来负面影响外，还会不会使宇宙中其他变化对地球上所有的生物产生危害？根据上面的思考，可以肯定：资本垄断最终是要被扼制的，无论在物质世界还是精神世界，资本都不可能永远充当人类实施欲望的媒介。

资本这个欲望的载体在热衷于垄断的过程中，虽然也曾或多或少地向平民表示过它的"善意"，但是这种带着垄断者们浓厚施舍味道的善意，除了为垄断的残酷做些掩饰之外，根本就不可能长久地作为广大平民基本生活保障的来源。事实将会证明：能代替资本担负起人类欲望的实施主体媒介的新东西是产生于人类对自身生命和整个自然环境的爱！这种爱是不可抗拒的、容不得半点捉弄的爱！爱境中派生出来的是社会制度的优越、制度实施效果的深得人心和全社会因制度优越而产生的一片和谐。和谐社会中广大民众享受着公平合理的社会制度保障，能在同一平台上激发欲望、升华欲望、放飞欲望；和谐社会中，人们富而不淫、贵而不傲，处处文明做主、事事公正领先；和谐社会中，大家都可以在理性与情感的温暖阳光中做好自己的欲望梦。

人类要构建出那样的让民众都感觉到富强、民主、文明、和谐的社会，这是社会发展的必然。那么，有什么力量能让人类欲望如此统一、目标如此一致呢？我们说这种力量来自三个方面，一是经济的飞跃式发展、教育和科学的不断进步创造了人类社会前所未有的物质文明和精神文明。这种高标准、高境界的文明，升华并放飞着人类的欲望，织就出人类欲望的巨幅"壮锦"。"壮锦"的美丽和神奇会很自然地孕育出社会的美好。二是大自然的警示迫使人类自觉地和谐。也就是说，虽然从人类主观上讲，欲望的伸展和放纵是无度的，但地球上有限的能量及地球本身的生命规律容不得人类在欲望上的放肆；地球和整个宇宙会不断地向人类发出尊重大自然、保护生存环境等方面的警示。三是正如美国最高法官苏特在离职时留下的名言："和谐的国家生活，来自多股力量的相互抗衡和争论。"我们认为这种抗衡和争论就是民主与法治的不断运行，就是社会制度在实践中不断地显示其优越性。

二、欲望上的和谐与文明靠制度当家做主

"分粥效应"告诉世人，人类行为上的公正与关系上的和谐取决于制度上的合情合理。

现在我们可以直截了当地说：继资本之后，人类实施欲望的新载体主要是民主与法治社会之中的公平合理的社会制度。而资本，在失去其作为人类实施欲望的载体和媒介这个身份之后，也必须老老实实地臣服于公平合理的社会制度，直到它的意义完全更新或消失。

人力、土地、资本、民主与法治前提下的优良社会制度效果，这分别充当过或将要充当人类欲望实施媒介的东西，在其发生过的三次更替过程中，每一次更替时的社会状态和更替所需的时间长短是很不一样的。首先，从人力到土地的更换，因其所引起社会变化比较简单，所以更换过程所需时间并不太长；其次，从土地到资本，因为这当中要等候资本的累积、产业的发展、科技的进步以及一系列条件的成熟，所以更换的过程就比较复杂，所需的时间也就较长；最后，从资本到民主、法治这过程中的社会制度效果必须日益可观，因为这相当于一个质的转变，需要有全范围内物质和精神面貌的新档次做背景、做铺垫，还需要社会制度的不断合理和成熟，更需要社会制度效果与人类的欲望达到如古人所说的"天人合一"的高境界。所以，这种更换所引起的社会动态又复杂得多，所需的时间也不能与前两者相提并论，而是要长得多。

无论哪一个国家或民族，如果其民众的科学文化素养和精神境界未达到相应的高度，就不可能有健全的社会制度，便谈不上有良好的制度效果。优良的社会制度效果必将取代资本而承担起人类欲望的载体与欲望的实施媒介的责任和义务，让人类欲望日益纯洁化、合理化、社会化，这是人类文明的伟大进步，这种进步是任何贪婪及顽固势力都无法阻止的。

大家都了解，当今世界上虽然有些国家和地区正兴奋或得意于自己的富裕和"文雅"，但是这些国家或地区的人们大多在关键的问题上还缺乏理性。他们正操纵着高层次的资本垄断。资本和新科技成了他们满足自己尽情享乐和狂妄称霸这两方面欲望的魔爪。他们利令智昏，认为只要自己的家园中有青山绿水、蓝天白云就上上大吉，以为远方环境的被破坏不会威胁他们的生活安宁。如果在他们贪欲所及的范围内遇有令他们生气的事，他们轻则指手画脚、盛气凌人，重则凶相毕露、狰狞可畏。

资本垄断的狂妄自大和贪婪无度，必然会导致人类正义力量对它的遏制和大自然对它的惩罚。社会制度的优良效果必将开始逐步取代资本而成为人类欲望的载体和实施欲望的媒介，这是历史发展的大方向，是人类欲望从野兽窝里过渡到理性化天堂的必然。

一切现代化的生产设备和所有时髦性的生活用品都可以用资本去换得，而一个民族与国家的文化素质、民主与法治、良好的社会制度效果是永远不可能用资本直接换得的。物质文明是国家和民族强盛的基础，精神文明是国家和民族兴旺的支柱。无论是哪一个国家，哪一个民族，哪一个区域，要想不愧对自己民众的正当欲望，要想进入可持续发展的轨道，要想繁荣昌盛，就必须实行民主与法治，必须要有良好的社会制度效果，必须实实在在地弘扬物质文明和精神文明。

当一个国家能在国际社会中充分而耐久地显示其整体文明魅力的时候，才有资格称得上是进入了社会主义社会。因为，只有文明上的到位才能体现富强与和谐的真实，只有文明的光辉灿烂才能显出欲望的至善与整个人性的美好！

第九章　欲望在运作中的常见特点

第一节　对生活的幻化

　　他在收到友人送来的一件华贵的酒红色睡袍后非常高兴。晚上，心情特别舒畅的他洗完澡，把漂亮的新睡袍穿在身上。这时，从来没有穿昂贵睡袍习惯的他，觉得自己仿佛变成了另一个人。迷人的色彩、神秘的触感以及那布料中散发出来的略带刺激性的清香味，令他全身心地沉浸在物质享受的快乐之中，欲望的空间随即伸展。突然，他发现自己的这身打扮竟然跟整间屋子的装饰完全不匹配——地毯、窗帘以及床单、被罩，一切都太粗糙、太寒酸了，完全配不上这件华贵的新睡袍。

　　于是，为了对得起这件睡袍，为了心理的平衡，他把家里的旧东西全部置换一新。他花了一大笔钱，总算使整个房间的装饰与睡袍的格调相匹配。当坐在椅子上环顾四周，享受那种欲望获得满足的快乐时，这位名叫丹尼斯·狄德罗的18世纪法国著名的哲学家顿然醒悟："我居然被一件睡袍胁迫了。"

　　后来，人们在这著名的狄德罗效应中引发了一个生活原理：一般情况下，人们在拥有一种物质上的实惠或精神上的优势后，欲望就会驱使其不断获得更大范围和更高层次的拥有，否则人的心理就会不平衡。

　　笔者曾在报刊上读到过一篇关于欲望幻化生活的文章。大意是讲一个农夫有一次幸运地得到两只野兔后，喜出望外地让妻子做了两顶兔皮帽子，夫妻各一顶。他们都把兔皮帽看得很珍贵。妻子本来就很爱打扮，为了全身的得体还添置了漂亮的新衣和鞋子。

　　寒冷的季节，农夫太太超众的装束让同村的女人大为眼红，一时间互相攀比穿着成了女人们的生活热潮。在女人们的穿着焕然一新的同时，另一农夫的太太胸前还挂上了一粒珍珠，原来是她丈夫偶然在河里捞得了一只蚌。

冬天虽然寒冷，但挡不住人们找珍珠的狂热。千难万险中，真的又有人找到了珍珠。这消息像长了翅膀一样传遍了四面八方。后来又有人开始淘金——因为据说附近的山上有金矿。淘金浪潮日渐高涨，眉飞色舞的交谈中人们畅想的是发财后各方面欲望的满足。

该村子的名气越来越大，引得国王都着了迷。派人考察后，国王立即派军队前去"圈地"，并雇用当地所有的成年男人，专门为其寻找珍珠、黄金。

邻国君主闻讯后，绞尽脑汁，终于找到了一个发兵的理由。

为国王捞珍珠、淘黄金的男人连同全国上下的很多男人都得去上战场。

一天，那个拾到死兔子的农夫紧紧地拥抱着妻子，说："我明天便要出征，这顶兔皮帽子用不上了，如果生活困难，你就把它卖掉。"

战争持续了好几年，许多人处在水深火热之中。

有史以来，欲望就是那样千奇百怪地幻化着人们的生活。在追求物欲的乌烟瘴气中，有几人能像曾经闲逛在雅典市场的大智者苏格拉底一样，望着眼前的花花绿绿而油然感叹：这里有多少我用不着的东西啊！

第二节 人才造就上有奇效

拿破仑说："不想做将军的士兵不是好士兵。"美国人常提醒：不想当总统的孩子不是好孩子。我们中国人也曾喜欢用对对子等方式试探儿童的欲望。那些"击数声鼓代天地宣威"，"他年折桂步蟾宫，必定有我"之类的豪言壮语之所以为人所感叹，是因为感叹者看到了即兴发语者非凡的气概和强烈的成才欲望。

《史记·高祖本纪》中写道，刘邦见到秦始皇出游的壮观场面，艳羡至极，这位平常只顾游手好闲的小亭长，竟然雄心闪亮、欲洞大开。他无法掩饰地吐出了欲望的火舌，露出了"大丈夫当如是也"的野心。《史记·项羽本纪》也叙述，项羽见到秦始皇出游的壮观场面时，手舞足蹈、豪气勃发。这个贵族出身、勇猛无敌的大斗士，毫无顾忌地说："彼当取而代之。"

后来事实证明：秦始皇在打败六国统一天下的同时，也无形中给了别人"只要欲望强烈、毅力坚韧，就有出人头地的机会"这样一种暗示。于是，在权力欲望的诱惑下，狂野村夫也敢生出觊觎之心。秦始皇一厢情愿要传万世的铁桶江山，遭遇各路人马的强劲挑战，不过十几年就土崩瓦解了。

有人说："天下英雄多好色，好色原来助英雄。"这些说法是真是假我们暂且不论。倒是有一位出色的艺术家确实得益于情欲的造就，那就是荷兰画家凡·高。

情欲使凡·高饱尝痛苦又深感陶醉。他不顾旁人的劝阻，可以冒雨步行二十多里去探望自己爱恋的表姐凯瑟琳。他不在乎外界的鄙视，可以与一个性情乖戾的老妓女席思厮混两年时间……凡·高似乎唯有在情欲的洪流中方能让激情从内心直奔到画布上，变成炫目的色块而洗亮世人的眼睛。不过，世情时常告诫着人们："情欲似火，暖身尚妥；贪色入迷，招非引祸。"如果某一社会把情欲泛滥当成时尚，后果将不堪设想。

欲望是成才的先决条件。人要想在生活、事业和感情等诸多方面有所追求、有所创造、有所成就，势必要靠欲望的强力驱策。

善人怀才，"穷则独善其身，达则兼济天下"；恶者有才，得势则好比山中狼，受困则犹如臭肉汤。这都是欲望质量优劣导致的结果。

古今中外，有许多人能登上才名可嘉、功名可赞、德名可颂的天堂，也有不少人堕入才名可叹、功名可恶、德名可耻的地狱。这都是对欲望进行选择和驾驭方面的问题。

让欲望止于至善，同时有才又能发挥好才的人，方能称得上是人才。

第三节　具有层次性

有专家发现，在江、河、湖、海之中，种类繁多的鱼类是分空间层次生活的。这与我们想象中的"海阔凭鱼跃"并不完全相符合。观察表明，大概是从水的深度超过 5 米起，鱼儿们就给自己规定了层次，并且各自只生活在属于自己的层次中。

一般情况下，层次的分明给鱼带来的是生活上的有序和安稳，但当整个水体空间发生变化时，比如有时遇上干旱，原本有几十米深的河流变得只有十几米时，鱼类的生活层次就会发生混乱。这种混乱会导致鱼类为争占生存空间而相互对抗与厮杀。其结果虽然是胜者得生，但生者也得为新层次里的种种变化而付出许多艰辛。

相比于上述生存空间的紧缩而言，假如雨水季节鱼类的生存空间得到了扩大，这当然会给鱼类带来一些突然的欢快。但是，这短暂一时的欢快不仅可能会打破原有的活动秩序，还可能会令鱼群对后来生存空间的紧缩更加难以接受。所以，受空间影响而发生层次上的变化，是鱼群面临的最严峻、最残酷的考验。考验的结果当然又是达尔文说的："物竞天择，适者生存。"

人类欲望的层次化特征与鱼类生活的层次化特征有很大的相似之处。不过，人是有思维的。因此，人类欲望层次方面的各类情况都要比鱼群的层次情况复杂得多。

首先，人类欲望层次的产生与存在就好比人类阶级在社会中的产生和发展一样，是人类社会发展的必然产物。原始社会中人们欲望的层次尚未现形，就算是有些层次意识的萌芽也没有穿透流传已久的、成方成圆的欲望整体结构模式。阶级社会的出现令人类欲望的层次化特征日益明显，结构模式也由原始社会成方成圆的一体化进化成了金字塔式的多层次化。总之，人类社会中欲望层次的形成与阶级的产生是同一种原理，只是欲望的层次并不完全对应于阶级的层次而已。

其次，人类欲望与鱼群在层次变化中的反应既有相同的地方，更有许多不同的地方。相同的是：从人类的生存理念上讲，如果单从对待生存空间上的愿望而言，人类欲望的层次与鱼类生活的层次是相似的，都要求有起码的活动范围保障，否则就会发生混乱。不同的是：人是有思想的，人类欲望中除生存上的空间观念外，还有生存上的时间观念、质量观念和价值观念等。时间观念是指人类欲望的层次结构如果长期不变，则人们不会像鱼类那样只要空间不变，不管时间的长短都会相安无事。历史上的"合久必分"、"分久必合"其实也是人类欲望在时间观念上对长期僵化的社会欲望层次结构产生不满的表现。质量观与价值观，则分别是指欲望在其所处的层次中获得的满足程度，以及欲望满足的意义是否能得到多方面的认可。在某一社会中，如果欲望的整体性结构对各个层次中的民众欲望缺乏活动质量上的保障，甚至完全丧失了对各层次欲望满足程度与意义的认定与评价功能，那么该整体中各个层次的欲望就容易产生冲突、造成混乱。混乱中人们所遭受的磨难、所付出的代价都会是难以估量的。鸦片战争后，中国社会的百年动乱就充分地证明了这一点。

阶级社会中，无论是在哪个阶段，政治背景、经济实力和人们的自身素质都是令欲望形成不同层次的三大决定性因素。而且，当生产力和法制观念还很落后的情况下，政治背景则为三大因素之首；当生产力发达，资本主持着社会运转的情况下，经济实力则为三大因素之要；当科学规范着社会，文明感化着人类的情况下，人们的自身素质则为三大因素之魂。

一般而言，在物质上人类欲望的层次化因阶级的产生而产生，也将因阶级的消失而消失，这也是人类欲望层次化与鱼群生活层次化最根本的区别。然而在精神上，人类欲望的层次化特点，可能会因为人们所处的环境以及自身素养等方面的原因，长久地保留或不断地更新。

第四节 方方面面的"相对论"

空间相对于物质的存在而存在，时间是相对于物质在空间的运动的存在而存在，人的欲望则是相对于人的生命在空间和时间中的存在而存在。没有绝对的空间，也没有绝对的时间，当然更没有绝对的欲望。

"人之初，性本善"是相对于现实人性中的恶而言的，"性本恶"是相对于人们愿望中人性的善而言的，"无所谓善，也无所谓恶"是相对于实际中的善恶变幻无常而言的。人性没有绝对的善，也没有绝对的恶。同样，人的欲望也没有绝对的优和绝对的劣。世界上万事万物都是相对存在的。

人类社会的一切真与假、善与恶、美与丑都是相对于对某种公理的假设而言的。人类全部欲望的产生和发展都是相对于其所面临的物质世界和精神世界的实际存在而言的。

站在高山之巅的人与身处低谷中的人因为相隔距离太远，同一时间内，彼此在对方的眼中都显得渺小。开车的人觉得行人太不守交通规则，乱穿马路；步行的人觉得开车的人简直就是目中无人，横行霸道。成功者认为普通人难免都有红眼病，普通人指责成功者多少有些不地道……如此之类都体现着欲望在时间上的"相对论"。

18世纪至19世纪，中国清朝统治者闭关自守、夜郎自大，而西方资本主义者虎视全球、贪得无厌；第二次世界大战中侵略者张牙舞爪、穷凶极恶，被侵略者则背井离乡、家破人亡；古今中外，有的人可以到处仗势恃强、作威作福，有的人则只能低声下气而且可能随时丧失生活的基本保障。诸如此类，便可称作欲望在空间中的"相对论"。

与欲望在时间上的"相对论"作比较，欲望在空间中的"相对论"除有横向特征之外，还有其纵向特征。而欲望在时间上的"相对论"即使有纵向特征，也无一不包含于欲望空间方面"相对论"的纵向特征范围之中。例如，生活中总有人喜欢把自己与同一平台抑或是不同平台的人相比较，这就是欲望在时间和空间上横向"相对论"的表现；也有人常常将自己与历史人物相比较，这便是欲望在时间与空间中的纵向"相对论"的表现。

无论是欲望在时间上的"相对论"，还是欲望在空间中的"相对论"，更无论"相对论"的纵向与横向，一切都是实际中的存在。

在人性世界中，与实际存在相对应、相衬托的一种特殊现象是：人类欲望的发展中还有一种"相对论"潜伏在人们的意境中。很多时候，就是那种欲望在意境中的"相对论"，让那些欲望在实际生活中得不到满足或欠于满足的人，心里得到了安慰，达到了平衡。例如，人们幻想美好、憧憬幸福等就是意境"相对论"中最典型的极乐世界。只要有诚意，任何人都可以凭意境而消除或解脱因欲望得不到满足的怨恨和痛苦，享受幻想中欲望得以满足的舒适与甜蜜。

爱因斯坦提出的物理学上的相对论是研究时间和空间相对关系的学说。他的相对论有狭义和广义之分。广义相对论认为物质的运动是物质引力场派生的，光在引力场传播因受引力场的影响而改变方向。如果说人性的某些特征恰与客观物质的一般规律有些相仿的话，那么我们可以说，人类欲望的实施是利益引力场派生的。行为在引力场中展开，因受引力场的影响而变换模式。

第五节　天理就在人的欲望中

如果宋、明两朝的理学家所认定的"天理"指的是"仁、义、礼、智"等道德规范，而"人欲"是指人们日常的生活欲望和各种自然情趣，那么他们把"天理"和"人欲"决然对立，提出"存天理，灭人欲"，甚至说"饿死事极小，失节事极大"（《二程遗书》卷二十二），这些说法合乎人性之理吗？不合乎！如果硬说有合乎的一面，也顶多是印证在那些因封建统治的残酷而丧失了理智和独立人格的人身上。

事实上天理与人的欲望并不是水火不相容的。从生物学的立场来看，食欲与性欲是动物界最基本的欲望。再从心理学的角度讲，人们都会承认"任何感情都比不上与性、爱情有关的情感来得那么强烈而具有影响力"。古往今来都一样，那些虚伪性太强的人，之所以"谈欲色变"，一方面可能是像小偷常常回避他们动过手脚的地方一样，回避谈论色欲；另一方面也可能是担心自己会像猫一样，一闻到腥味就流口水，留下当众失态的笑柄。

常规理念认为：任何一个具有历史责任感和正义感的人都会看得清，人类文化的创造，主要肇始于人的物质生活和精神生活的需求。这种物质生活和精神生活的需求难道不是始于人们的欲望吗？

有一个关于欲望的故事：1823 年，刚刚 35 岁的大诗人拜伦不再有任何欲望。虽然他有情人，但不再需求感情发展，更不想结婚。在随着军队行进的途中，他写信向歌德倾诉苦恼。而此时的歌德，虽然已届 75 岁高龄，却正准备向一个 19 岁的姑娘求婚，他的欲望像一个年轻人一样的旺盛。得知此情况的拜伦，在异国他乡更加忧伤。他说自己是年轻的老人，而歌德是年老的青年人。

一年后，拜伦临死前对医生说："我对生活早就烦透了。我来希腊，就是了结我所厌倦的生活。你们对我的挽救是徒劳的，请走开！"拜伦就这样死了，而高龄的歌德却在享受着生活，他的诗作一篇比一篇华丽且激情万丈。

我们并非凭这个故事就肯定弗洛伊德所说的"艺术家常因性经验的激发而创作"之类的话是千真万确的，但我们至少得承认拜伦是因失去欲望、丧失生活目标而情愿绝命，而歌德却是因欲望强烈才创造出垂垂老年仍然活力十足的奇迹。

"饮食男女，人之大欲存焉。"孔子的伟大，最主要的体现就是敢于面对实际并着眼实际，进而弘扬和创造有利于人类社会得以改造与进步的文化。

晚年的弗洛伊德及其追随者，为了避免人们对欲望某些内容的狭义性理解，强调用"原欲"作为人类基本欲望的总称。概而言之，世界上只要有人在，就必定有人的欲望在。如果彻底毁灭了人的欲望，那就不存在与人性相关联的天理。

几千年的人类文明史让世人早就认识到：凡是以充满爱意的情感为"土壤"，以纯真和过硬的理性为"雨露阳光"而滋生出来的欲望，都是人性园地中的"鲜花嫩苗"。人性中天理的光芒是人的欲望在情感和理性的规范与锤炼中绽放出来的。在人类社会中，凡是在尊重自然规律的前提下不与社会公众道德相违背、不与民主法制相抵触的欲望，便是人们生存的正当需要，也就是人们最根本的愿望。这些正当的需要和根本的愿望就应该是天理所认可的东西，也是人们的理想。

说到理想，笔者很有必要就欲望和理想的比较做些阐述。笔者认为，所谓理想，应该是以尊重客观规律的存在和自身素质的实际为前提，既基于现实，又放眼未来的对自我欲望的构想或希望。直接地说，理想就是未来的现实。理想与欲望的关系是：欲望是理想的基础，理想是欲望的升华；有理想者必定先有欲望，而有欲望者未必就会有理想。理想比欲望更贴近理性，欲望则比理想更臣服于情感；理想是成就真理"圣果"的花朵，而欲望只是成全理想花朵的枝叶；崇高的理想常让高素质者不懈地追求，低俗的欲望总让低品位者无休止地沉迷。同时，理想的不断实现会让为之付出艰辛者的精神境界越来越崇高，并且给他人乃至社会带来实惠与享受；欲望的无度满足会令因之而丧失理智者的物质意识越来越醒龊，继而给周围抑或更大范围造成损失与危害。

明末哲学家王夫之明确指出"随处见人欲，即随处见天理"，反对"离欲而别为理"（《读四书大全说》卷八）。清朝大学者戴震提出天理形成和存在的前提就是人们的欲望，世上从来就没有丧失欲望而存在的天理。

"天人合一"是中华传统文化所向往的境界。科学技术非常发达的新时代，我们应以大自然与人类社会的客观规律为天理，让自己的全部欲望在探寻天理的认识与实践活动中通过庄严的洗礼后得到升华，进而为保护大自然，为丰富人类社会的物质文明和精神文明不断地将理想变为现实。

第六节　先欲者难达　首事者不成

翻开中国封建社会的历史，我们会发现，在一次次的改朝换代中，往往是首倡者失败，后起者成功。例如，陈胜、吴广首举反秦义旗，可破秦之功却归之于刘邦、项羽，最终刘邦坐了天下；绿林、赤眉好汉未能彻底毁灭王莽政权，后起的刘秀却消灭了义军，建立起东汉；黄巾起义半途被毁，三国鼎立却分别造就了曹操、刘备、孙权的皇帝之位；反隋起义中李密、窦建德、杜伏威未能消灭隋朝，而关陇贵族集团中的李唐政权一面镇压义军，一面取隋而代之，建立了唐朝；反元的韩山童、刘福通、郭子兴虽起事最早，但均未成功，倒是郭子兴的部将朱元璋灭元朝、扫义军，建立了大明朝。历史上大的改朝换代是这样，小的权益更替也大多不例外，怪不得有人在总结历史变换的规律时一言断之曰"首事者不成"。

有人说，我们中国的改革开放搞了这么多年，人们都为已取得的伟大成就而自豪，但若回顾所走的路程，特别是某些民营企业的开办，也确实让人们产生过首事者难成的感觉，需不断完善与加强管理。还有人认为，即便是生活中的平常小事也总让人觉得：最先着手满足欲望的人到后来反倒难如心愿，首个开始谋利求益的人最终还是不如人家。

上述情况的普遍出现，是因为什么？究其原因，大抵可以说是人们欲望的运行规律所至。

美国管理学家罗伯特·泰勒总结了15个行业、377个企业的成功经验，提出了"追随者效应"。他指出：如果一个企业在该行业未定型的时候领先，它往往最后只能退居二线，甚至不少已经破产。他举了通用汽车的例子。汽车行业刚刚起步时，领跑者是福特汽车，销量最高时占有全世界四成市场。而当汽车行业稳定下来以后，通用汽车却成为当之无愧的老大。

此外，德国体育心理学家莱彻尔专门研究田径比赛，曾分析各种长跑项目上千次的比赛。统计后发现，最后拿到冠军的运动员居然有百分之九十三都不是起跑时的领跑者。有的时候，运动员为了争夺"跟随者"的位置，甚至不惜放慢速度。

"追随者效应"实质就是人们欲望运行中的一条规律。就是说，不管在哪个领域，人们要满足自己的开发欲望，如果没有先例，就不得不面对许多新问题，就要花很大精力去探索。这种探索的成本无论是物质的还是精神的都会是十分昂贵的，而且有时会缘于犯错较大使成本无法挽回。这样造成的结果，无疑是令欲望严重被冷落甚至遭破灭。而跟随者则不同，他只要认真地学习和借鉴前者正反两方面的经验，就会少走许多弯路。也可以说，这种学习与借鉴实质上是坐享其成，是踩在前者的肩膀上往上攀的。

就用赛跑打比方，在心理状态上，那领跑者与"跟随者"是截然不同的。前者有似被征服者，而后者则有似主动出击者。后者主动出击的心理状态要比前者被动防御的心理状态要显得平稳、轻松得多。以此类推，各个领域都是一样，首事者为了开路领先，就不得不在自己冥思苦想和大众以多种眼光注视的双重氛围中摸、爬、滚、打，而且艰辛和挫折中难免会心猿意马，最终导致境况日下。"追随者"则不同，他们先是鉴于前者欲望的实施踪迹来确定自我欲望的实施模式，再是借前者之气势而强自我之势力，然后趋利避害，见机而行。只要有恒有序，等待他们的则是节节胜利。所以，欲当起于心静，望应生于眼明。与其妄动，不如缓行，前者易失，后者可成。

第七节　实施态度上的不同

人们的欲望与客观存在的诱因都是难以捉摸的东西。针对欲望而言，诱因代表着利益。诱因有大小、远近及隐显之分，欲望有强弱、正邪或阴阳之别。诱因是在欲望与事物相互对应的状态中才被确定的。也就是说，在特定的空间和时间范围内判断某事物是否对人有利益的先决条件是看其是否能引发人对其产生喜爱并追求的欲望，能引发的便可称为诱因。值得注意的是，同一种物质你今天拥有它觉得是种利益或称诱因，而昨天或明天就不一定；同一件事物别人认为是利益或诱因，而你却不一定。

人一旦产生了某种欲望，并有了具体的实施后，能否取得满意的实施效果，是个很复杂的问题。不过，有一点很被人重视，那就是人们对获取既定利益所采取的态度。这态度也是个复杂的东西。如果要将其细述，就算肯花大功夫，也未必能详而周之。这里我们只粗略地将人们谋求利益时的态度种类和大体表现做些简单分析。

一、乐观公正型态度

利益面前持乐观公正态度的人，一般都可以说是善于把自己的欲望升华为理想的人。他们能把握事物的本质，既尊重客观存在，又强调主观努力。在利益面前，在通过让欲望、情感与理性达到和谐统一的行为实施中，他们也自然地让欲望获得了满足。这种积极型的态度大概有四种表现方式。

（1）珍惜机会，善于借鉴和吸取前人的经验与教训，最终凭自己的智慧和汗水取得成功。

（2）认准目标，正确地评估自己，困难面前能理智地充实自己，不达到目标决不罢休。

（3）本着互补共利的原则，取人之长、补己之短，继而轻松地达到目标。

（4）放开眼界，宽大襟怀，组织群体，合力而赢。

以上四种表现是取得利益、通往成功的最佳选择，是实现理想的法宝。

二、随和顺从型态度

面对利益内心其实很想得到，可态度上却不得不自我调和，情绪上不得不自我控制。这样的人，大体上都是做事心有余而力不足。不过，虽然是因能力或其他客观原因而不能获取利益，但能够以随和顺应的理智将欲望内化为另一方面的需要，也算是一种积极的态度。持这种态度者主要有两种表现：

（1）善于转换利益目标，另求档次低一点的满足，这样给自己垫个台阶以维护尊严。例如，有人没能在甲公司谋个高薪职位，就自信地告诉别人"反正高薪水也是靠能力和汗水去换，我还是去乙公司，这或许还能给自己多留点轻松和自由"。

（2）懂得发散思维，善于用自己的特长另辟蹊径，以补救曾经的失望。例如，有人没有条件上如意的大学，却肯于钻研，勤于劳动，用实际业绩赢得周边人的认可。

三、轻率任性型态度

生活中得不到自己特别羡慕的利益，这本来不足为奇，不值得因此而怪言冷语、牢骚满腹或故作清高，可现实中偏偏有人是那样轻率任性地对待问题。这种人也有两种表现：

（1）不顾客观真相，只一味地发泄自己的不满或找歪理来破坏人家的真情实感。例如，有人做不成生意就总指责顾客不识货、不懂规矩、不近情理等。

（2）行为与动机不一致，逆反心理特别强。例如，有人追不上意中人，就表现出一副无所谓的样子，甚至时不时说人家的坏话，真有点像吃不上就流着口水讥讽酒席，穿不着就忍着眼泪睥睨绸缎。

四、盲目冲动型态度

在利益面前，有的人有热情却不讲究方法，有的人没能耐却又不甘平庸。这两者常常是盲目冲动，结果事与愿违，竹篮打水，功亏一篑，主要表现有两种：

（1）盲目自信，固执蛮干，自我强迫，损精败神。例如，有些刚走出校门的大学生就最容易有这种态度。

（2）利欲熏心，不甘平庸，胡攀乱比，嫉妒成性。例如，赌徒们多持这种态度。

五、虚荣冷淡型态度

当面对朝思暮想的利益却又沾不上边时，最易令人持虚荣冷淡态度。这种虚荣冷淡表面上好像能给人以愉快和自尊的感觉，但实质上只能是羞涩中的一种自我安慰。怀这种态度者常有以下表现：

（1）得不到想要的就怪言冷语地贬低其价值，装出一副不近世俗、洁身自好才是自己最实在之需要的样子。这方面最典型的就是那种"吃不到葡萄就说葡萄酸"，并以自己未曾瞎遭"酸"为"自豪"的自欺型的虚荣行为。

（2）以假冷淡掩饰真贪婪，无奈中常有意无意地散发情绪并借傍光效应充当自我价值，达到心理平衡。例如，有的人太寒酸，便常常在别人面前夸耀其亲戚或一些熟人，并得意地叙说那些亲戚和熟人对他如何如何的好。

六、庸俗郁闷型态度

怀有庸俗郁闷型态度的人，容易在自己渴望得到的利益面前因束手无策而产生出一些欺骗或折磨自己的想法。他们对现实不进行实际了解，对未来不进行理智分析，因此既得不到眼前的客观实惠或达不到主观适应，又谈不上有追求未来的信心和勇气。这类人的表现常常是：

（1）只会临渊羡鱼，不懂退而织网，不善积累知识，更不会锻炼能力。这种人总以庸俗为荣。

（2）当某种愿望落空后，欲望的困惑引发精神上的痛苦，久而久之导致神智不爽、痴想白忙，到头来事事难成。

七、奸诈凶恶型态度

人类社会如果没有道德约束和法律制裁，那么用奸诈凶恶态度去谋取利益的人会比比皆是。当今世界虽然各方面条件大有改观，但奸诈和凶恶仍然在人性中时显猖狂，造成这种情况的根本原因是欲望的情感质地和理性程度还跟不上时代要求。欲望中的邪恶与狠毒因素自然导致态度在利益面前的奸诈凶恶。这当中最典型的表现是：

（1）奸诈者戴上伪善的面具，以"诱人以饵、欲阴则阳"为总经，大行诈骗之术，把自己的物质利益建立在别人的精神与物质双重损失之上。例如，各国官商界的腐败者和江湖骗子都是这类人。

（2）面对物质利益，凶恶者意陷垂涎、心怀觊觎，有可能得到的就不择手段抢夺侵占，得不到的就进行毁灭性的破坏。这类角色可能是个人，也有可能是团体、国家或民族。

八、悲观失望型态度

真正有志在获取利益上取得成功的人，其实并不会是为眼前利益过于计较的人。反倒是那些纯靠偶然机会才能取得利益者，一旦在希望破灭后就很容易郁闷不欢，自暴自弃。他们的主要表现是：

（1）利益当前，心浮意躁，只会胡思乱想，不善把握机遇，结果坐失良机，其垂头丧气的模样活像糊不上墙的稀泥。

（2）信命信鬼，尽找客观，情绪低落，抑郁成患。

生活中还有人常常以一种蔑视的态度对待利益，其实这是一种对自我悲观的掩饰。正如培根在其《论人生》中谈到财富时所说："不要相信那些表面上蔑视财富的人，他们蔑视财富的缘故是因为他们对财富的绝望。"

第八节　总有难以掩饰的至痛

欲望的空间遭到侵犯，感情的自由受到干涉，生命的价值遇到贬损，这些都会给欲望造成痛苦，倘若有人觉得三种情况同时出现在自己身上那便是他欲望上的至痛。

认识了欲望上的至痛，我们可以理解当年项羽容不得范增的故事，其实并不是项羽单方面的错。作为贵族出身、武功盖世的项羽，他欲望的空间档次、情感的自由标准和生命的价值境界自然不是一般人可比的。可以说，他是未得帝位却先有帝态。范增的当面指责甚至辱骂，他无法忍受。如果不是曾称范增为亚父，他可能早就会因自己欲望上的至痛而将其直接置于死地。

中国历史上的那些开国皇帝，为什么好多都是先从善如流，而坐定天下后便容不得昔日的功臣？道理很简单，因为他们觉得打江山的时候君臣上下的行动目标是一致的，都是为了打下江山、取得政权，所以欲望是在人性的同一空间运行，而且运行的轨道是统一的。而政权到手以后，因为权力对多种欲望提供满足的作用太神妙、太令人上瘾了，所以作为君主，他们都会特别担心臣下的权力欲望与自己的权力欲望形成对抗，发生冲撞，给自己造成欲望上的至痛，于是就会不择手段地排挤和镇压功臣。何况有些功臣在打江山时就像范增一样，有过给皇帝造成欲望空间上的威胁、情感自由上的压抑和生命价值上的贬损之类的言论或行为。

第二次世界大战后，苏联的朱可夫为什么地位时沉时浮？无非是因为他在"二战"中为保卫苏联而建立的功勋让苏联人民感到敬佩，却又让与他同时期的苏联最高领导人感到震慑。这种敬佩与震慑，使得每一位领袖在欲望实施过程中，当需要借助朱可夫的声望来为自己的欲望拓展空间时，就会讨好和利用朱可夫；而一旦达到了某种目的，再度仰望朱可夫在人民心中的威望和形象时，他便会顿感朱可夫对自己欲望的空间和情感的自由威胁太大，于是就会毫不留情地将其推到一边，或者干脆打倒。可能因为这种因素的存在，朱可夫在苏联的地位时沉时浮。

同样是在苏联的现代史上，为什么赫鲁晓夫的手下人在受到其宠爱时偏偏出现欲望的反常，以至于令克里姆林宫里流传着"赫鲁晓夫并不可怕，可怕的是他看中了你"这样的一种说法？因为当一个人被赫鲁晓夫看中可作为接班人选时，他就会用"接班人"的标准去审视那个人，这样任何缺点都被"置于放大镜"之下。更为难受的是，如果某人一旦被赫鲁晓夫当作接班人"揪住"，则自己整个的欲望和情感空间就得灌满赫鲁晓夫的意识，整个的行为都要受到赫鲁晓夫私人欲望和情感的控制。如此情形之下，根本就谈不上有自我价值的实现。正是由于赫鲁晓夫引起了不少人政治欲望上的至痛，使得一个个原来的盟友被推到反对派的阵营，最终酿成1964年那场"宫廷政变"。

在人治社会中，领导者喜欢什么样的人？概括地说，领导者一般都喜欢自己欲望和情感的顺从者，尤其喜欢那些精于替自己装点欲望和情感空间、乐于帮自己亮显生命价值而效力的人。当然，我们不能片面地认为凡是人治社会中的领导者就必定是自私的人，凡是领导者喜欢的人就都是小人。不过，我们应当承认，人治社会中凡是给领导造成欲望至痛的人都是他不喜欢的人。自然，这些不被领导者喜欢的人当中有许多君子，也有许多小人。

还有，在生活中就报恩和接受报恩这两种事情上也与欲望的至痛关系很大。例如，不愿报恩的原因中，可能是因为受恩者的内心深处怎么也忘不了当初受恩时，施恩者在给自己施恩的同时有意无意地令自己的欲望遭受过贬责和伤害。也可能是，施恩者一旦被受恩者认定为报恩对象，他接受报答的欲望就会很快地膨胀，他会不自量、无限度、无休止地等待甚至是索要回报。这种情形被普希金在《渔夫和金鱼的故事》中刻画得很逼真。还有一种情况是，受恩者为了顾全自己的面子而不愿承认过去的受恩。这种现象常常令施恩者发出"知恩报恩世上少，翻脸无情人间多"之类的感叹。

人世间不愿报恩或顾不上报恩的情况很多，其原因也有主观和客观之分。笔者认为，不管是哪方面的原因，其中都难免有些是与受恩者欲望上的痛，尤其是至痛相关联的。面对人和事的复杂，大家应懂得：在与人相处时，施恩不但不要指望回报，而且还要讲究方法，特别要注意回避他人欲望上的痛处，重视他人的人格尊严；报恩不但要情真意切，而且要设法在过程中让双方都处于同一个理性的平台，还要注意直接性与间接性的相互搭配和调整。

　　人人都可能会有欲望上的至痛处，对他人的至痛要善于理解，对自己的至痛要慎于设防，这是生活中应有的一种智慧。

第九章 欲望在运作中的常见特点

第九节 欲望似水

中国传统文化中的"五行"学术告诉大家,大自然是由金、木、水、火、土五种物质组合而成的。在金、木、水、火、土这五种物质中,水、土、木的产生和存在是最直接的。因此本书前文在讨论人性中的欲望、情感、理性三者关系时把欲望比作水,情感比作土,理性比作木。

因为本书的重点内容是讨论人的欲望,所以有必要根据生活中的实际把欲望像水的比喻还说得更形象一些。

人类的产生和发展离不开水。可以说,在地球上没有水就没有人类。

人类对水的赞美举不胜举。中国传统文化对水的颂扬更是情有独钟。老子在《道德经》第八章称"上善若水",他从多个方面赞扬了水的善。儒文化中也有很多称颂水的名言,如"君子之交淡如水"等。

现实生活中,很多人用水比喻人们智慧的崇高、操行的美好、心态的平静、变化的灵活,等等。

如此文化氛围之中,我们用水比喻人的欲望能让人接受吗?

要回答这个问题。我们还是先仔细分析一下老子"上善若水"的本意。

《道德经》第八章对水的赞美最注重的两点是:在功德上,水"善利万物而不争";在地位上,水"处众人之所恶"而不厌。老子着重赞扬水的这两种品性,其目的是启发和引导人们在自我修养上要做到肯于奉献而不争功,乐于下人而不厌。

老子主张处世当顺自然之道。他对整个大自然都有着至诚的爱。他所指的"上善若水","上"字应解作"高档次的"、"高境界的"而不是单指"第一",因为老子对整个大自然都充满着爱,在他的心目中,大自然所有的资源性物质都各有所长,各有其"善"。

173

老子称"上善若水"是借水性便于直观、容易被人理解的特点来启发人们认识"人性中有一种高档次、高境界的善就好像水的某些品性一样"。

也可以说，老子称"上善若水"首先是寄希望于人类的欲望达到"上善"。因为在《道德经》中他反复提到过人的欲望。如"不见可欲，使心不乱"（第三章）；"化而欲作，吾将镇之以无名之朴。无名之朴，夫亦将不欲。不欲以静，天下将自定"（第三十七章），即生长和化欲中如果被欲望左右，我将用无名无形的"朴"去镇定治理它，他就不会再有贪欲了，没有贪欲就可以宁静，天下就自然安定和谐；"罪莫大于可欲，祸莫大于不知足，咎莫大于欲得"（第四十六章），意思是没有比放纵欲望更大的罪恶了，没有比不知足更大的灾祸了，没有比贪心更惨痛的不幸了；"我无事而民自富，我无欲而民自朴"（第五十七章），语义是领导不扰民生事人民自然就会富足，领导者不贪婪人民自然就会朴素不奢华。

根据老子对欲望的看法，可以推断他所说的"上善若水"很大程度上就是以水的一些品性启发和引导人们在欲望上要尽可能利人、利物、善处、不争。

更重要的是，人们不能把老子的"上善若水"理解为只要是水就是最高的善。如果是这样的话，那么人们对"大禹治水"之类的事怎么理解？

笔者把人类的欲望比作自然界的水是从如下几方面考虑的：

（1）从个性特征上讲，水和人的欲望都有自己的单纯和复杂。纯粹的水是最简单的氢氧化合物，无色、无味、无臭，这就是水在个性上的单纯。水一旦进入运动的空间（大自然，特别是人类的生活范围），个性就必然受环境的影响而变得复杂，而且随着流量、流域、流程以及与人类生活相关联等方面情况的变化而不断地变化。

人类欲望个性上的单纯和复杂也与水相类似。人类单纯的欲望就是让生命得以存活。在生命得以存活的基础上，人类的欲望（有时包括维持生命存活的欲望在内）一旦投入实施，就不得不与周边环境发生关系。于是，欲望的个性就会随之而变得复杂，而且这种复杂会随着欲望所涉及的空间、时间以及人员等情况的变化而不断地产生变化。

（2）从静的意义上讲，水和人的欲望也有相似的特点。通常情况下水不宜久静，因为只有流水（有生源、有动向的水）才能不腐，才能经得起大自然的不断蒸发。人的欲望也一样，所谓静只是内容上的纯洁和实施范围上的稳定，是实施态度和行为上的一种理性的良好。欲望的静也不是恒久不变，因为虽然"年年岁岁花相似"，但毕竟"岁岁年年人不同"。所以，人的欲望最好是在动中求静，以有为而论无为。

（3）从动的意义上讲，欲望和水的相似更容易被发现和理解。水有缓流、慢淌或汹涌澎湃之分，人的欲望有浅尝、略施或闯荡搏击之别。这是动态上的相似。"人往高处走，水往低处流"这是动向规则上的相仿。"子在川上曰：'逝者如斯夫，不舍昼夜。'"（《论语·子罕》）这是人对水、对欲望动感上的类同。

此外，水可明可暗，欲望能"阴"能"阳"；水有清、浊、洁、污，欲望有善、恶、美、丑；水汇而成势，欲望合而生强。地球上有水水相连，人世间有欲欲相关。水因深度的差别而对光线有不同的反应，这种反应让水显出不同的颜色；欲望因理性化程度的高低而对环境产生不同的影响，这种影响让欲望形成不同的品质。水能利物也能损物，欲望可益人也可害人；水能载舟也能覆舟，欲望可成事也可败事。……凡此种种都会让大家觉得，在动态的品性特征上人的欲望更与水相似。

第十章　有必要认识欲商

笔者并不是看到大家有智商、情商之类的热门话题便也搞个欲商的话题来凑热闹。之所以要提出并阐述欲商，是因为在人的素质中欲商与智商、情商等处于同等重要的地位，而且欲商的内容还远比智商和情商丰富，功用及其对人类所有个体和团队的影响也是智商和情商等不可随便替代的。

第一节　给欲商下个定义

到目前为止，我们国内还找不到论述欲商的专著。只是网络上对欲商有些初步看法，认为欲商是人控制欲望的能力指数。撰述者强调欲商的内容包括三个方面，一是当欲望在身体里、心灵里放飞时，首先要考虑这种欲望是否合理（不合理就放弃或转移）；二是把错误的欲望转向新欲望的能力；三是对自身欲望的清晰鉴定。这种理念认为，人对自身欲望的控制能力是人综合素质的一部分，无论一个人的能力有多强，智力多么超群，情商指数多么高，其欲商也不一定有多高。因此，欲商是一个新的表征和校正情商的原则标准。

笔者认为，上述对欲商的看法有值得认可的一面，起码这个概念的产生在引起人们对欲商的重视上具有积极意义。不过，如果要对欲商做出较为详细的阐述，还不能满足于这种只认为欲商是通过智力因素与情感魅力的再现或结合来达到对欲望的长养和实施过程起到调节、监护及控制作用的理解。

根据已经对人性中欲望所做的分析和考量，笔者认为欲商最明显的特征是能有利于欲望在理想化的前提下获得满足并决定欲望满足感的程度和质量。如果把这种"获得"和"决定"作用看成是一种力，那么依照动力学的普遍原理来讲，在这种力当中，动量的增量等于它所受合外力的冲量或所有外力的冲量的矢量之和。因此，在给欲商下定义之前，先要形成一个初步印象。那就是，欲商来源于欲望实施者综合能力上的"冲量"。不过，这种"冲量"不直接就是欲商的结果。如果硬要有个具体的欲商计算法，那么就以"冲量"或"冲量"的"矢量"之和所产生的欲望实施效果的被认可值（自我认为的、社会评估的、历史认可的等）为欲龄，然后用欲龄除以实际年龄再乘以100，就可以得出欲商的结果。只是实际生活中很难这样去计算。

想借用物理学中的动力学原理来阐述欲商，这难免会给人一种故弄玄虚的感觉。不过，上段话已经说了，我们就希望它能歪打正着地触及欲商的真谛。

本书中多次肯定过，相对于人性中的理性、情感而言，欲望是人性中最原始、最关键的要素。人类的一切理性、情感表现无不与欲望的存在和实施（含准实施）紧密相连。

受大哲学家柏拉图把欲望、情感、理性分别当作马、马车、赶马车的人这个比喻的启发，笔者已经分别用大自然中的水、土地、植物（以森林为代表）分别比喻人的欲望、情感、理性。这里我们还要借这个比喻，强调人类在生存中对欲望的依赖感明显要比对情感和理性的依赖感强得多。这就像宇航员可以若干天不见大地和森林，但对水的需要却难隔几个小时一样。

欲商与情商、智商的关系也基本上跟欲望与情感、理性的关系相类似。前面有关章节中笔者对欲望、情感、理性三者的关系已做了阐述，后面肯定还要讲到欲商与情商、智商的关系，在此之前，必须对欲商有个较为准确的定义，那么，到底怎样给欲商下定义呢？

苏格拉底说各种学问最根本的目的是要解决"人怎样活着"的问题。因为这种说法对人有很大的指导和启发意义，所以被人们称为"苏格拉底命题"。在"苏格拉底命题"的启发中，笔者认为，欲商就是在解决"人怎样活着"这个实际问题的过程中所体现出来的将欲望善化为理想，进而把理想变为现实的综合性能力指数。

第二节 欲商与智商、情商的比较及相互关系

智商即智力商数,由法国人比奈所提出,包括观察、记忆、想象、分析判断、思维、应变能力等,是人们认识客观事物并运用知识解决实际问题的能力。智力的高低通常用智力商数来表示,以标示智力的发展水平。

智商 = 智龄 ÷ 实足年龄 × 100

如果一儿童的智商在 120 以上的就叫"聪明",在 80 分以下的则叫"愚蠢"。早先,研究者认为智商基数一般不变。例如,两个五岁儿童,智商一个为 80,另一个为 120,几年后,他们的智商基本上仍分别为 80 和 120。后来,有专家发现,人的智商在一定程度上随着教育和生活环境的变化而变化。

情商主要指人在情绪、情感、意志、耐受挫折等方面的能力。

情商是由两位美国心理学家:约翰·梅耶(新罕布什尔大学)和彼得·萨洛维(耶鲁大学)于 1990 年首先提出。直到 1995 年美国《纽约时报》的科学记者丹尼尔·戈尔曼出版了《情商——为什么情商比智商更重要》一书,情商才引起世界关注。

被奉为"情商之父"的丹尼尔·戈尔曼在发展情商概念时接受了斯腾伯格的智力理论,尤其是接受了斯腾伯格智力情境亚理论的思想,即"力图按智力对人生成功的功能,重新定义智力",重视智力是对主体生存环境(主要指人际环境)的适应、选择和改造这一基本特质。

丹尼尔·戈尔曼在以成功定义智力时,看到社会生活、人与人的关系、物质与精神的关系日益复杂和多样化,人们的情绪生活更易受到破坏,而情绪对于协同人与人、人与物的关系有重要作用。同时,他也看到社会的发展、科技的进步更加需要人们合作,需要集体智力的发挥。在这种情况下,他就提出并具体阐述了情商,强调人在取得成功的过程中情商往往比智商更重要。

像智商的先天性因素非常明显一样，情商的存在和发展对先天因素的依赖性也很强。例如，"人类的基本表情通见于全人类，具有跨文化的一致性"（《情感智商》第22页，中国城市出版社）所指的就是这种情况。

研究者把情商的核心定为情绪智力，并把情绪智力扩展到五个主要领域：①了解自身情绪；②管理情绪；③自我激励；④识别他人情绪；⑤处理人际关系。

研究者认为，智商和情商反映着两种性质不同的心理品质。

智商主要反映人的观察能力、注意能力、记忆能力、思维能力、想象能力、分析判断能力、应变能力等。概括地说，智商主要表现人的理性能力。它可能是大脑皮层特别是主管抽象思维和分析思维的左半球大脑的功能。

情商主要反映一个人感受、理解、运用、表达和调节自己情感的能力以及处理自己与他人之间情感关系的能力。情商反映个体把握与处理情感问题的能力，情感常常走在理智前面，它是非理性的，其物质基础主要与脑干系统相联系。大脑额叶对情感有控制作用。

欲商是以智商为基础，以理性为原则，通过对情商等多方面素质的整理和综合发挥，尽可能让欲望成为理想，再努力把理想变为现实的能力。

在心理品质上，欲商反映人对生活进行认识、理解、安顿、调节，特别是反映人不断地开创生活局面，升华生活意义等方面的能力。

从欲商与情商、智商的关系上来说，欲商是发挥理性作用和把握情感功能等多方面能力的综合。欲商可反映人的整体素质。决定欲商必须同时具备理性与情感等多种要素方可显示其品质魅力的是整个的脑干系统。当人对欲望进行管理时，必须将主管抽象思维与分析思维的左半球大脑的功能和对情感有控制作用的大脑额叶的功能同时发挥出来。

相对于欲商而言，智商只是一种资源，情商仅为一种配套性设施。

　　人的智商虽然有一定的后天性，但不管怎么说，起决定作用的还是它的先天性。先天性主要取决于遗传基因和自身发育上的独特优势。例如，在大科学家爱因斯坦把自己全部聪明才智都贡献给科学事业，坦然地走完他的人生之旅以后，科学家对他的大脑进行了研究。研究者果然发现，爱因斯坦的大脑确实与常人不同，主要体现在大脑的每个神经元里都有非常多的神经胶质细胞，而且它们的数量多于常人。这说明他的大脑需要和使用了更多的能量，使得它可能具备更强的处理问题的能力。神经胶质细胞不仅支持神经元的生长，还能保护它们。

　　智商的后天性主要表现在人的习惯和经验范围之中。例如，我们中国就有句老话："久学无痴子。"

　　不管是先天性的还是后天性的，只要是智商方面的东西，在欲商面前它们都是一种资源。很多情况中，欲商如果有智商资源上的优势便会显得魅力无穷，所谓"运筹帷幄之中，决胜千里之外"就属于这种情况。

　　有研究者认为，一个人的成功只有20%归诸智商的高低，80%则取决于情商。这种看法是基于丹尼尔·戈尔曼"情商是决定人生成功与否的关键"这一观点而提出的。其实，丹尼尔·戈尔曼在著作中关于这方面看法的原话是："'智商等于成功'定律有很多例外，例外的情况甚至多于符合定律的情况。在成功人生的决定因素当中，智商最多有20%的贡献率，其余80%由其他因素决定。正如有人提出的'一个人在社会中的最终地位，绝大部分是由社会阶层、运气等非智商因素决定的'。"（《情商——为什么情商比智商更重要》中信出版社出版第38－39页）

　　从"情商之父"的原话中，我们可以理解他在质疑"智商等于成功"定律和肯定"情商是决定人生成功与否的关键"的同时，并没有把人的成功率全等于智商占20%、情商占80%的两数之和。也就是说，他强调的"其余80%由其他因素决定"，这"其他因素"当然就不是只有情商。因此，我们对欲商的认识很有必要，而且我们把欲商定义为人在解决"怎样活着"这个实际问题的过程中所体现出来的将欲望善化为理想，进而把理想变为现实的综合性能力指数也显得合理。

"人的本质不是单个人所固有的抽象物，在其现实性上，它是一切社会关系的总和。"（《马克思恩格斯选集》第1卷）也有人根据人的基因自私原理，提出人的本质＝利己（贪婪）＋自由。笔者认为，这两种看法还是后者要臣服于前者，因为人的利己（贪婪）和自由都是相对于群体和社会而言的，脱离了大众和社会就无所谓利己和自由。也就是说，"一切社会关系的总和"中就包含对利己的迷恋和对自由的向往，但是利己＋自由绝不可以代替"一切社会关系的总和"。

因为在"一切社会关系的总和"中情感是最为活跃的东西，所以"情商理论"被重视便是自然而然的事。但是，人们迟早会注意到，情感的源头是欲望，理性的基础又是欲望与情感的结合。同时，欲望的健康成长和成功实施、情感的自我愉快及与人交际上的和谐又离不开理性的导向。因此，从人类生存、生活的发展意义上讲，欲望、情感、理性永远是紧密关联、相辅相成的。

本书的阐述中，强调人性中的欲望、情感、理性在地位上三者并列，在关系上相互平等，但在源头上却各有不同，作用上也各有侧重，品性上更是各有特色。现在，我们讨论智商、情商、欲商，强调欲商是人的综合素质和能力的体现，并把智商当成是让欲商获得优秀的资源优势，情商被看成是让欲商得以充分显示的设施配套。笔者希望这些看法能够经得起实践的检验。

从资本主义社会起，一直到社会主义社会，环境型欲望成了欲望运行的主角。智商和情商在欲商的需要中也自然会为环境型欲望发挥作用。

第三节　欲商的灵魂——理商

请不要把"理商"看成是与"智商"同一种意义上的东西。

智商是指人认识客观事物并运用知识解决实际问题的能力指数。理商是指人探索、认识、尊重、掌握客观规律，并运用规律提醒与指导自己适应或改变现实的能力指数。理商在心理品质上是以追求和捍卫真理为主要特征。在相互关系上，智商是理商的基础，理商是智商的准则。在功用特色上智商注重应变能力，理商强调求实本领。

理商高者必定智商也高，但智商高者并不一定理商就高。之所以这样说，道理很简单，那就是能够追求、发现、掌握和捍卫真理并利用真理造福于人类社会的人必定有理商优势，而那些有智商优势甚至是智商特别超众的人却并不一定会热心于追求和捍卫真理，更不要说用真理造福于人类了。

理商的基础是"理"与"理性"的结合。这种特征常常在人们运用已经被实践证明了的"理"来启发和引导自己的创造性思维和行为实施时体现得更加明显。例如，牛顿在探索苹果落地之谜后得出结论："宇宙的定律就是质量与质量间的相互吸引。"从行星到行星，从恒星到恒星，这种相互吸引的交互作用，遍及无边无际的空间，向着既定的位置运动。牛顿把这种存在于整个宇宙空间的相互吸引作用称为"万有引力"。这"万有引力"就是自然科学中的一种理。

17世纪以来，人们一直坚信牛顿力学是全部物理学乃至整个自然科学的基础。研究任何物体的运动都可以用牛顿力学来解决。可到19世纪末、20世纪初，在一些新的物理实验中，遇到了用传统的理论体系无法解释的现象。这时许多科学家陷入迷惘之中，但由于对牛顿力学的深信不疑，他们只是煞费苦心地要调和旧理论和新发现之间的矛盾，不敢对牛顿力学产生丝毫怀疑。

年轻的爱因斯坦却不同，他勇敢地站在物理学革命的最前沿。在这场物理学革命中，他走的是一条与其他科学家大相径庭的路。他不迷信权威，一直坚持独立思考，在科学道路上，他把对前人结论的怀疑与"相信世界在本质上是有秩序的和可以认识的"这一信念相结合，向又一科学高峰迈进。爱因斯坦的这种表现就是典型的理性之举，更是理商意义的最好解释。最终，爱因斯坦提出了以相对论原理和光速不变原理为基本内容的狭义相对论。这便是高欲商有高理商为灵魂的佳果。

上述事例可以让我们领会到"理"是客观规律的存在，"理性"是人热爱、追求、捍卫真理的一种心理品质和从理智上控制行为的能力。如果有人觉得在上面的举例中看不出爱因斯坦有从理智上控制自己行为的表现，那么笔者就在这方面再做一个补充。那就是，为了进一步发现和运用科学真理，在勇敢地向新的科学高峰迈进的过程中，当认识到理论物理向纵深领域进展就必须有扎实的数学基础为工具时，爱因斯坦痛感自己在大学时只注重理论物理的研究，忽视了对数学的重视。于是，他不得不加紧补数学课……在经过多年常人难以想象的勤奋努力后，爱因斯坦终于在1915年完成了创建广义相对论的工作。

爱因斯坦追求真理的历程让我们领会到，所谓从理智上控制行为的能力，就是充分发挥自己的聪明才智，以坚韧的毅力和顽强的意志让自我活动顺着客观规律所指引的方向而展开。这种表现也就是理商的关键所在。

南朝的刘义庆在《世说新语·言语第二》中叙述了一个关于"小时了了，大未必佳"的故事。为什么实际生活中确实有不少小时候特别聪明的孩子长大后却未必优秀呢？笔者认为关键就是因为其本人及其亲属因得意于智商的出众而忽视了对其进行理商等重要素质的培养。"哈佛大学不招神童"大概就是考虑到这种情况的存在吧。

无论是个人还是团队，如果不重视理商而想让自己的欲望得到堂堂正正的满足，那结果只能是黄粱美梦的多。只有尊重客观实际，致力于探寻和捍卫真理的人才有希望让自己的欲望成为理想，然后再让理想变为现实。

了解世界历史的人应该领会得到，达尔文之所以能将人类心智从愚昧无知的镣铐中拯救出来，林肯之所以能将人类身体从奴隶的桎梏中解放出来，就是因为前者能坚定地尊重自然科学，后者能勇敢地捍卫社会真理。在通过为人类做贡献而实现自我价值的过程中，他们能始终以理商作为自己欲商的灵魂。

　　从人类天然的向善心理讲，世界上尊重真理的人毕竟占多数，所以人类一直被称为万物之灵。万物之"灵"，灵就灵在劳动和思维过程中能尊重客观规律。尊重客观规律的具体表现应该是探索、发现、理解并运用客观规律。只有这样，人们才能在解决"人怎样活着"的问题时尊重欲商，做到尽量不犯但丁在《神曲》中讲到的"放纵色欲、饕餮、贪婪、懒惰、愤怒、妒忌、骄傲"七种罪。

　　实际生活中，虽然人类的某些个体或团队因欲望的上瘾或发狂而无法让欲商的灵魂以理商为归宿，但公众和社会上的正义力量总会在适当的时候令那些得意一时的私欲之魂乖乖地到理商的法庭接受正义的审判。

　　"有理走遍天下，无理寸步难行"这句中国民间俗语从某一侧面道出了理与欲的关系。中国古代寓言中的"揠苗助长"、"守株待兔"、"刻舟求剑"都证明理商对欲商有灵魂性的作用。

　　不能让自己的欲望臣服于理性的人肯定不会是什么好人。不能让自己欲望的灵魂以理商为归宿的人也肯定不会有什么满意的欲商。

第四节　欲商的本质

虽然已经给欲商下了定义，但毕竟事物的本质是隐蔽的，是要通过现象来表现的，不能只用简单的直观去认识，必须透过现象才能了解和掌握。为了认清欲商的本质，笔者认为还得从实际生活中找些对欲商有解释作用的话，而且是已经得到大众认可的话。

据说曾为大清朝的中兴起到中流砥柱作用的曾国藩有十三套创业本领，其中公诸于世的有两种：一是相人而用，其主要经验见于他所写的《冰鉴》；二是收功藏身，其主要表现手法是勤写日记和家书。

这里，不考虑曾国藩到底有哪些创业本领，只根据他"立德"、"立功"、"立言"三方面都取得了很大成功的事实，笔者称他是封建社会中欲商特别高的人。

对自己在建功立业上有哪些本领，曾国藩从未做出成条逐项的表述。然而，对什么是欲商，作为理想型的封建士大夫，也作为对人情世故乃至社会的发展有过认真分析的政界精英和文化名流，他却无意中给了大家最好的解释。那就是，弥留之际的他认为，真正的珍宝不是金银田地，也不是皇上的赐物，"而是使子孙后代知道哪些是经过千百年来的考验，证明应当遵循的家教；子孙奉行这些家教，就可以成才成器，家族就可以长盛不衰。他认真地思考了很长一段时间，终于把要对儿子所说的千言万语归纳为四条，并把它端端正正写下来，要儿子们悬挂于中堂，每天朗诵一遍，恪遵不易，并一代一代传下去"（长篇历史小说《曾国藩》第三部《黑雨》第554页，湖南文艺出版社）。这四条的内容是：

一曰慎独则心安。自修之道，莫难于养心；养心之难，又在慎独。能慎独，则内省不疚，可以对天地质鬼神。人无一内愧之事，则天君泰然，此心常快足宽平，是人生第一自强之道，第一寻乐之方，守身之先务也。

二曰主敬则身强。内而专静纯一，外而整齐严肃，敬之工夫也；出门如见大宾，使民如承大祭，敬之气象也；修己以安百姓，笃恭而天下平，敬之效验也。聪明睿智，皆由此出。庄敬日强，安肆日偷。若人无众寡，事无大小，一一恭敬，不敢懈慢，则身体之强健，又何疑乎？

三曰求仁则人悦。凡人之生，皆得天地之理以成性，得天地之气以成形，我与民物，其大本乃同出一源。若但知私己而不知仁民爱物，是于大本一源之道已悖而失之矣。至于尊官厚禄，高居人上，则有拯民溺救民饥之责。读书学古，粗知大义，即有觉后知觉后觉之责。孔门教人，莫大于求仁，而其最切者，莫要于欲立立人、欲达达人数语。立人达人之人，人有不悦而归之者乎？

四曰习劳则神钦。人一日所着之衣所进之食，与日所行之事所用之力相称，则旁人韪之，鬼神许之，以为彼自食其力也。若农夫织妇终岁勤动，以成数石之粟数尺之布，而富贵之家终岁逸乐，不营一业，而食必珍馐，衣必锦绣。酣豢高眠，一呼百诺，此天下最不平之事，鬼神所不许也，其能久乎？古之圣君贤相，盖无时不以勤劳自励。为一身计，则必操习技艺，磨炼筋骨，困知勉行，操心危虑，而后可以增智慧而长才识。为天下计，则必己饥己溺，一夫不获，引为余辜。大禹、墨子皆极俭以奉身而极勤以救民。勤则寿，逸则夭，勤则有材而见用，逸则无劳而见弃，勤则博济斯民而神祇钦仰，逸则无补于人而神鬼不歆。

笔者认为，曾国藩这千斟万酌的四条家教就是对当时社会中"富二代"、"官二代"所需欲商的最好诠释。至今，这种诠释仍然很值得借鉴。

再就是，因为钱其琛、钱正英、钱学森、钱伟长、钱三强、钱钟书、钱复、钱穆……包括2008年诺贝尔化学奖得主华裔科学家钱永健都是五代时期钱镠的后裔，所以有人对《钱氏家训》产生了浓厚兴趣，认为那是钱氏家族强调并指导后代进行综合素质培养的总方针。

《钱氏家训》共六百余字，分"个人、家庭、社会、国家"四节。全文为：

个　人

心术不可得罪于天地，言行皆当无愧于圣贤。

曾子之三省勿忘。程子之中箴宜佩。持躬不可不谨严。临财不可不廉介。

处事不可不决断。存心不可不宽厚。尽前行者地步窄，向后看者眼界宽。

花繁柳密处拨得开，方见手段。风狂雨骤时立得定，才是脚跟。

能改过则天地不怒，能安分则鬼神无权。

读经传则根柢深，看史鉴则议论伟。能文章则称述多，蓄道德则福报厚。

家　庭

欲造优美之家庭，须立良好之规则。

内外六间整洁，尊卑次序谨严。父母伯叔孝敬欢愉，姒娌弟兄和睦友爱。

祖宗虽远，祭祀宜诚。子孙虽愚，诗书须读。

娶媳求淑女，勿计妆奁。嫁女择佳婿，勿慕富贵。

家富提携宗族，置义塾与公田；岁饥赈济亲朋，筹仁浆与义粟。

勤俭为本，自必丰亨（古同烹）；忠厚传家，乃能长久。

社　会

信交朋友，惠普乡邻。恤寡矜孤，敬老怀幼。救灾周急，排难解纷。

修桥路以利从行，造河船以济众渡。兴启蒙之义塾，设积谷之社仓。

私见尽要铲除，公益概行提倡。不见利而起谋，不见才而生嫉。

小人固当远，断不可显为仇敌。君子固当亲，亦不可曲为附和。

国　家

执法如山，守身如玉，爱民如子，去蠹如仇。严以驭役，宽以恤民。

官肯着意一分，民受十分之惠。上能吃苦一点，民沾万点之恩。

利在一身勿谋也，利在天下者必谋之；利在一时固谋也，利在万世者更谋之。

大智兴邦，不过集众思；大愚误国，只为好自用。

聪明睿智，守之以愚；功被天下，守之以让；勇力振世，守之以怯；富有四海，守之以谦。

庙堂之上，以养正气为先。海宇之内，以养元气为本。

务本节用则国富，进贤使能则国强，兴学育才则国盛，交邻有道则国安。

这言简意赅，字里行间针对欲望和情感而放射着理性光芒的《钱氏家训》，确实能够帮助人们进一步了解欲商的本质。

还有，诺贝尔文学奖得主英国作家拉雅德·吉卜林写给他12岁儿子的赠言，也对我们理解欲商的本质很有启发性。赠言是：

"如果在众人六神无主之时，你能镇定自若而不是人云亦云；如果在被众人猜忌怀疑时，你能自信如常而不去妄加辩论；如果你有梦想，又能不迷失自我，有神思，又不至于走火入魔；如果在成功之时能不喜形于色，而在灾难之后也勇于咀嚼苦果；如果辛苦劳作已是功成名就，为了新目标依然冒险一搏；如果你跟村夫交谈而不变谦恭之态，和王侯散步而不露谄媚之颜；如果他人的意志左右不了你，与任何人为伍你都能卓然独立；如果昏惑的骚扰动摇不了你的信念——那么，你的修养就会天地般博大，而你，就是一个真正的男子汉，我的儿子！"

全面比较并归纳一下曾国藩的四条家教、《钱氏家训》和诺贝尔奖得主给儿子的赠言，大家便可以发现教育者都希望受教育者慎待"人怎样活着"的问题；都要求自己的后人在理、德、智、体、美、劳等各方面全面发展；都寄愿传承自己家业的人要善于变欲望为理想，更要精于变理想为现实。这产生于不同的社会环境却基于同一类情感和理性的谆谆告诫，都对欲商的本质做了较为精微的阐释。

以上对欲商所做的阐释不知是否能让大家领会到：虽然智商、情商、理商与欲商的关系甚为密切，但欲商并不全等于智商、情商、理商这三商之和。欲商、智商、情商、理商在内涵和外延上都各有各的定位，功用上也各有各的特点。只不过，这四种商相比，欲商的内涵要丰富些，外延也要广泛些，欲商对人各方面素质的整合性也要强一些，对人取得成功的影响也要大一些。

人们也不能任意夸大欲商的作用。因为，很多时候欲商对人的身体素质、环境的变化等也会显得无可奈何。

欲商也与情商、智商一样，也是可以通过后天的培养而得以优秀的。教育是让欲商得以提高的重要途径。不过教育理念、内容、模式、方法等方面的差异，会令提高欲商的效果大不一样。

笔者并不是看到他人综合实力强就说他人的教育也先进，而是本着实事求是的态度分析他人的教育，觉得他人确实是十分重视欲商的提高。例如，美国在千方百计为教育创造良好环境的同时，在理念上认定优秀儿童必须具备如下素质：

具有技巧和知识，能适当运用这些技巧和知识解决具体问题；

注意力集中，不容易分心，能在足够的时间里集中注意力解决某一问题；

热爱学习，喜欢探讨问题和做作业；

坚持性强，能把指定的任务作为重要目标，用急切的心情去努力完成；

反应性好，容易受到启发，对成人的建议和提问能做出积极的反应；

有理智的好奇心，能从自己解答问题的过程中得到满足，并且能够提出新问题；

乐意处理比较困难的问题和进行争论；

机灵，具有敏锐的观察力；

善于正确地运用众多的词汇；

思维灵活，能够形成许多概念，善于掌握新的、较深的概念；

具有独创性，能够用新颖的或者特别的方法来解决问题；

想象力强，能够独立思考；

能把既定的概念推广到比较广泛的关系中去；

兴趣广泛，对各种学问和活动都感兴趣；

关心集体，乐于参加各种集体活动，助人为乐，和他人融洽相处，对别人不吹毛求疵；

情绪稳定，经常保持自信、愉快和安详；

有幽默感，能够适应日常变化，不暴怒。

上面各方面素质的综合提高与发挥，实质上就是提高欲商的具体表现。由此，人们应该理解教育是提高欲商的关键。

欲商是个很不一般的素质因素。这方面的话题不是单凭直觉能把握住的。从人类活动的种种现象中受到一些启示后，笔者认为欲商的本质就是做人、做事与生活的本质。

只要肯努力，每个人的欲望都可以得到善化、成为理想。只可惜生活中我们常常忽略它的存在，总固守在自己的领域里，为了眼前的安全和舒适感，紧紧抓着熟悉的东西不放。时间一久，我们便失去了探寻精彩世界、创造更高人生价值的能力。现在，我们应该明白，只有不断地培养和提高欲商，才能放眼世界、憧憬未来，才能更有利于让自己为伟大的民族复兴、为整个人类的和谐美好而展翅翱翔。

第十一章　颇具魅力的欲商投入

人的欲商跟智商、理商、情商等各方面素质一样，表现在各项活动之中。就好比艺术行的好多功夫都常常因其最基本的套路展示即可显示动人的魅力一样，欲商中一些最实在的体现或发挥，也很能显示其在投入中的魅力。这里分别从六个方面谈些感受。

第一节　忍欲者祥

如果想让自己有所成就，或者保证自己在取得成就后不招非引祸，就必须严格地控制好自己的欲望。有过成功经验的人都认为控制自己欲望最有效的方法之一就是善忍。历史上善忍的人很多，影响深远的也不少。例如，古时候，大禹饮了一个叫仪狄的人献上的美酒后，便疏远了仪狄，戒了酒，并说："后世一定会有因为纵酒而亡国的。"齐桓公半夜饿了，有个叫易牙的便煎、煮、烧、烤并施，调和五味，献给桓公。桓公在享受美味之后谨慎起来，说："后世必定会有因贪图美味而亡国的。"晋文公得到美女南之威后，一连三天不临朝听政，回过头来，他便疏远了南之威，说："后世必定有因贪图美色而亡国的。"楚王登强台后，近观远眺，只见左边是大江，右边为九湖，风光秀丽如画，他迷恋得连生死都忘在了脑后，于是再也不登台了，说："后世必定会有因贪恋园林美景而亡国的。"这一个个备受世人称道的"忍"，实为难能之忍，但还仅仅是感官享受上的忍。

除感官享受之忍以外，还有许多方面的忍也同样重要。例如，意向上的忍、情绪上的忍、利害关系与名誉得失上的忍等。

历史上无论是为君、为臣、为士、为民，肯在忍字上下功夫的人一般都能实现自己的抱负，至少也能让自己的心灵获得一定程度的快

第十一章 颇具魅力的欲商投入

乐。例如,刘秀以诚服人;司马炎"无为"治国;李世民虚心纳谏;武则天面临动乱,还巧赞那位冲着她写檄文的骆宾王文化功底了不起;朱元璋优势在握,仍接受臣下建议,决定"缓称王";等等。这些都是成功的君王为成功而做出的忍。再如,张良功成身退,范蠡见好就收,司马迁负辱著史,文天祥遇难守节,郭子仪不计沉浮,张学良无视得失,等等。这些都是有作为的能臣之忍。还有,孟子守道终生不悔,柳下惠慎色坐怀不乱……这些都是厚德崇仁的志士之忍。再就是"己所不欲,勿施于人"、"一事当前,三思而行"之类都是普通人都乐意尽力而为的日常生活中的行为之忍。一句话,不管是哪一层面的人,只要是肯对自己的欲望进行理性化的忍,就会有利于自己合理化愿望的实现,就会赢得世人乃至全社会的认可。

相反,不善于忍者,行事中大多是"靡不有初,鲜克有终",谈不上能建功立业,利己惠人。这方面的例子也多,单就历史上本有可能做皇帝但由于不善于忍而最终一败涂地的就有不少。例如,项羽势大无比,而轻用其锋;李自成登基在即,却恣意妄为,……总之,无数事实都证明宋朝王安石说过的"莫大之祸,起于须臾之不忍"确实是一个真情实理。在实施欲望的过程中,因为很多时候只有通过忍才能让情感和理性对欲望发挥作用,才能避免欲望的放肆。

人生中忍是重要的事,更是不容易的事。古人造字时把"忍"比作"刀割一点心",这很形象。所以,古往今来想在忍上下功夫的人不少,而能有效地落实到行动上的却不多。那么,怎样才能让自己忍的功夫过硬一点呢?这方面,因为人们各有各的体验,所以各有各的看法。不过大体而言,以下几点应说得上是比较实在的。

一、要不断地提高自身素质

人的素质大体包括身体与道德、理智和才干等方面。道德、理智、才干的作用历来受人重视,但身体健康的保障却似乎容易被人忽视。特别是当今社会,工作压力大,环境和食品中不利于人体健康的因素也时常或明或暗地威胁着大家。可是,这在一部分人心目中仍然引不起重视,结果有些人常常情绪暴躁,便难免被人误为是修养的缺乏、欲望的不检点。我们必须承认，身体素质也是决定是否善于忍耐的重要因素。有了健康的身体，同时又有了可嘉的德行、闪亮的智慧和过硬又有创意的劳动本领，则强者不敢伤害你，弱者甘愿尊重你。如此一来，对于你来说，忍是一种智慧，一种能耐，一种奉献，一种自豪，你一定会乐而为之。

二、要有自己的追求和信仰

一个责任感强，又决意要在既定时间内到达某个目的地的人，路途中是不会陷入贪婪性的"玩耍"中的——"将军路上不追兔"嘛！因为，他有自己的责任和既定目标，他必须懂得忍。一个心怀希望，志在未来，对真、善、美有着强烈追求欲的人，他对那些与自己所服务的主题没有实质性关系的人和事是不会花太多精力去计较的。因为，他有自己的追求和信仰，自然要学会忍。

相信上述看法的人，可以在慎重地确定好自己的人生目标和信仰后为之努力。这样，你就会活得有风格、有意义，你就表现出了一种难能可贵的大忍。不过，有一点必须强调，那就是你的追求和信仰要在有益于自己的同时，一定还要有利于人类社会的发展。

三、确定适合自己的方法

好比是"八仙过海各显神通"，忍耐场中也各有各的方法，各有各的灵活。方法的选择要切合实际情况，也要根据各自的性格特点，要有利于忍的成效，更要符合理性化原则。有了这样的前提，下面的三种方法不妨一试。

（一）凭刚正以保忍

刚正保忍的普通说法，就是以光明正大的理由和实事求是的原则来严格规范自己的行为。刚正侧重的不单是人在行忍过程中要特别讲究内在的原则、底气、信心和意志，而且对外在的言语和态度也要讲究。这就是说，当事者尽管是在凭刚正保忍之中也要坚持原则不能让、信心不能失、意志不能软，态度要能被人接受，特别是语言上应当灵活、温柔、委婉。例如，狄仁杰年轻时因赶考住店而遇有美貌的店寡妇对其行色诱。狄仁杰便机智地编出有位老和尚曾为自己看过相，强调自己应"戒之在色"的故事，以委婉拒绝，并在谈话中对少妇授以拒色三法：①把一切男女当作亲人想；②把一切男女当作邪恶想；③把一切男女当作不静观（皮肤下一片脏污）想。正是因为狄仁杰如此刚正善忍，所以才成为武则天女皇手下的一代名相狄仁杰。

（二）持清静以助忍

"清静无为"是道家创始人老子对社会政治主张的核心内容。《道德经》第十六章和第三十七章分别有"夫物芸芸，各复归其根。归根曰静，静曰复命""不欲以静，天下将自定"的观点。千百年来老子的学问之所以为世人所敬仰，就是因为其道理确确实实能给人以启发。

人们常说"静处乾坤大"、"非宁静无以致远"等，无非是在实际生活中深刻体会到了静的好处。在生活中，有的人能用静坐的方法让自己从恐慌中镇定，有的人能用数数的办法让自己在气怒中冷静，有的人能用换位思考的方式将自己从嫉妒的火炉中拯救出来，有的人能借信仰的魅力把自己从贪婪的泥潭中解脱出来，还有的人能靠先哲的教诲令自己从虚荣的怪圈中醒悟。这些都是静的真功、忍的佳果。笔者认为，如果能做到静入心田，同时又祛除各种邪念，光大多方面的仁爱，那么他就达到了真正的"清静"境界。

（三）借糊涂以代忍

在生活中，人们因情绪不稳定而产生的自我怨恨而与外部相冲突的事时有发生。每当遇到这种情况，相当一部分人往往固执地按自己的欲望去改变相关的人或事物，其结果是圆满收场者少，弄成问题百出、矛盾不断加深的特别多。因此，为了尽可能避免生活中的不愉快，人们学会借糊涂以代忍，也是一件大好事。

所谓借糊涂以代忍，就是必须自己心中始终保持对道理的明白，而态度上又让别人觉得近乎不注重人情物理，从而避免你的精明与正义感跟他人的私欲邪念发生不必要的冲突和较量。

在实施借糊涂以代忍的过程中，当事者应力求把"糊涂"多样化，要注重"借"的得体，"糊涂"的舒服，"代"的逼真，"忍"的自然。例如，所处的团队若有些领导者特别喜欢那些能力平庸却格外擅长阿谀奉承的人，你最好选择甘做巴结上司的外行和议人议事方面的"木鸡"。不过，与此同时你的精力必须放在立志于积才待用之中。再如，当有人向你发出某种难以接受的暗示时，与其当面反感，不如让人觉得你毕竟是"江湖"门外汉，或骨子里本来就不是可以"沟通"的料。

借糊涂以代忍，应是对自我欲望的一种催眠术，是对自我欲望的净化和养息，是一种忠于情感、诚于理性的高欲商行为，而不是对自我欲望的无端否认或毁灭。

忍的方法很多，也很灵活。只有诚心慎意在忍字上下功夫的人，才有可能做深层次的关注和讲究。

还是郑板桥写得好："聪明难，糊涂尤难，由聪明而转入糊涂更难。放一着，退一步，当下安心，非图后报也。"清末名臣张之洞有副对联也写得很精妙："能忍耐终身受用，大学问安心吃亏。"

有必要补充一点的是，孩提时的教育是培养忍耐能力的关键。著名心理学家萨勒根据自己的实验提出了"糖果效应"。实验的内容是：萨勒对一群4岁的孩子说："桌上放了两块糖，如果你能坚持20分钟，等我买完东西回来，这两块糖给你，但你若不能等这么长时间，就只能得一块，现在就得一块！"这对4岁的孩子来说，很难选择——孩子都想得两块糖，但又不想为此熬20分钟；而要马上吃到嘴，又只能吃一块。

实验的结果是：2/3的孩子选择宁愿等20分钟得两块糖。不过，他们很难控制自己的欲望，不少孩子只好把眼睛闭起来傻等，以抵制糖的诱惑，或用双臂抱头不看糖，或唱歌、跳舞。还有的孩子为了熬过那20分钟干脆躺下睡觉。1/3的孩子选择现在就吃一块糖，实验者一走，他们就把那块糖塞到了嘴巴里。

经过12年的追踪，凡熬过20分钟的孩子长大后都有较强的自制力、自我肯定、充满信心、处理问题的能力强、善忍耐并乐于接受挑战；而选择吃一块糖的孩子长大后则表现为犹豫不定、多疑、妒忌、神经质、好惹是非、任性、顶不住挫折、自尊心易受伤害。

　　糖果效应告诉人们：一个人小时候能否有自控、自信和善于判断、善于忍耐的能力，预示着他长大后的心理个性和品质发展方向。根据糖果效应的提醒，每一个家庭、每一所学校和整个社会都必须重视引导小孩学会克制自己的欲望，要善于抵制诱惑，让欲望在与情感达成和谐后朝着理性的方向去实施和发展。而且教育者、引导者都要懂得"喊破嗓子不如做出样子"的道理，要做孩子的榜样。

　　总之，欲望当前，忍是一门大学问。正如有的学者所说："忍，源自于宽广博大的胸怀和包容一切的气概；忍讲究的是策略，体现的是坚强，得到的是心灵的安宁和前程的开阔。"

第二节　慎欲者良

慎欲与忍欲不同。忍欲是对那些不能产生人生价值甚至会伤害自己和他人利益、给社会或大自然造成负面影响的欲望尽可能做出理智的克制和忍耐。慎欲，包括谨慎地审定欲望的合理性、认真地考虑欲望的实施方案、慎重地开展欲望的实施活动、理智地关注欲望的实施效果等方面的内容。虽然都同属于心理或行为过程，但忍欲的重点是让欲望服从于理性，慎欲则主要是用理性和情感对欲望的成长和实施进行规范与督导。

好比种植庄稼，忍欲的功能就像摒除杂种、杂苗或明知不可能发芽的种子、不可成活的秧苗，目的是保证庄稼健康、规范地生长。慎欲的功能则好像对庄稼进行间苗、中耕、除草、施肥等一系列科学化的管理，目的是保证庄稼免遭病害，能够健康成长，最终获得尽可能多的收获。是否慎重地对待自己的欲望，可决定正常人生存境况的顺逆和人生价值的高低。

从人性的基本特征上讲，产生欲望并不难，何况人本身就有一部分先天性欲望。但是，如何让欲望表现得合情合理并实施得有条有理，那就不是容易的事了。所以，自古以来人类慎欲的态度、方法、过程和结果一直是人类活动的主要内容之一，并影响人类社会的发展。从对历史的了解和现实的体验中，笔者认为，慎欲的大体做法应该注意如下几个要点。

一、究理而欲

人是社会的人。马克思主义者认为人的本质是一切社会关系的总和。既然是这样，那么人的欲望就必须符合人类社会以及大自然的规律。再者，大众公认的生活习惯以及法律、道德等都以维护人们的正常生活秩序为目的，都是人类文明的一种体现。因此，为了让自我欲望不与大众的生存秩序相冲突，就必须让欲望不与公众的生活习惯、道德标准、法律制度等形成抵触。

第十一章 颇具魅力的欲商投入

"究理而欲","究"是仔细推敲的意思,所以"究理而欲"不能满足于简单的依理而欲。作为有认识能力和探索精神的人,除对通过实践检验过的道理表示认可并视其为对欲望进行规范的依据外,还要善于探索发现切合自己欲望实际的道理,从而使自己的欲望更富生命力、更有实际性和超越性。

科学家用自己的聪明才智探索自然和社会科学道理,创造出诸多奇迹,把人们从多种迷惑中引向茅塞顿开的境界;文学家、艺术家倾注自己的心血为世人点亮无数理性和情感的明灯,让人们生活得更有目标、更富乐趣;政治界的精英、经济领域的达士以及各行各业的劳动者都在不断地为公众的物质生活和精神生活创造多种多样的财富,提供越来越多的方便,让人们的生活一天比一天平安、幸福。这一切的一切都是人类"究理而欲"中最踏实的表现。大家应该想到,社会的每一个成员都要把"究理而欲"当成自己应尽的责任和义务。

"究理而欲"必须尊重多方面的规律,尤其是要注意掌握人性中的基本规律。从主观人性上讲,我们必须凭理智很好地把握自我。据科学分析,人性中普遍都有寻求刺激的特征。冒险是人的天性,因为人类是在利益驱动下冒险的,所以有可能越是冒险就越会变得强大。但是,我们是否审视过自己,当遇上有助于利益得到扩大、欲望得到升华的机会时,我们能有智慧、有勇气地去珍惜和利用它吗?当赌场老板、传销代理人等肆无忌惮地利用我们认识上的误区,引诱我们上钩时,我们能否通过理智的思考,抑制自己冒险追求利益的欲望?我们应当相信,只要自己学会了"究理而欲",就能很自然地体现出那种静如处子、动如脱兔的行为风格。

从人性的客观性上讲,要做到"究理而欲"就必须以敢于面对生活实际的态度,理解和宽容别人。例如,有识之士常告诫人们,世上不存在"十全十美"的人和事物。因此,当我们与有某些不良习惯的人相处的时候,能否做到既不伤害别人的自尊,也不影响自己的情绪?而当我们自己的某种缺点让他人有不愉快的感觉时,我们能否尽最大的努力改正过来,达到有益于他人,也有利于自己的双赢境界?

我们应当承认，只有真正有修养的人才能做到谅解人、尊重人，才能做到"己所不欲，勿施于人"。

二、酌情而动

在确定了欲望可以付诸实施后，考虑怎样着手实施时，第一个要注意的就是仔细观察各方面的情况是否适合欲望实施行为的开展。

> 蔚蓝的天空，
> 俯瞰苍翠的森林。
> 它们中间，吹过一阵喟叹的清风。

这是 1924 年 4 月印度大诗人泰戈尔访问中国期间于离别时赠送给林徽因的一首小诗。事情是这样的，泰戈尔访问中国期间，一路担任翻译且跟泰戈尔结为忘年之交的徐志摩在与泰戈尔的闲谈中流露出对林徽因的爱慕之心，泰戈尔便委婉地向林徽因转达了徐志摩对她的缱绻之情。后来，得知林徽因已经与梁思成订婚，且对徐志摩并无相绻之意时，爱莫能助的泰戈尔就用小诗把徐志摩比作蔚蓝的天空，把林徽因喻为苍翠的森林，寓意二者都是那么的秀美、纯洁，然而只能永远遥遥相望。与此同时，作为撮合者，泰戈尔以清风自喻，发生心有余而理与力都不足的喟叹。

先不管徐志摩当时是怎样对待这件事的，笔者讲这个小故事的用意是想让大家换位思考。假若自己遇上徐志摩的处境，能否做到借泰戈尔的诗以作安慰，调整好自己的思绪和情感，把爱情和理性都做出清晰的安顿？如果能，就可以说是"酌情而动"的合格化表现。

心中有爱情不是错，但向人表达爱就应当慎重考虑，正如培根《论人生》中在谈到爱情时所说："爱情的代价就是如此，如果不能得到回爱，就会得到一种深藏于心的轻蔑，这是一条永真的定律。"

同样的道理，假若有人确实有担任某种职务的能力，而且热情也相当高，但机遇却迟迟未到，那就最好不要因为自己欲望的欠满足而对所处的环境造成"污染"。要相信，只要是真金就不怕不闪光，要做到积极进取,用正当途径拓宽前程。

"酌情而动"还要求人们,在为欲望采取行动时要考虑是否有障碍物或其他竞争对手存在,更要考虑与自己欲望对应的诱因有哪些方面的特征,最好还要考虑欲望实施的成败可能会造成哪些方面的影响等多种情况。

"酌情而动"并不是在实施欲望的过程中摸着石头过河,时时谨小慎微,以致令自己空怀善欲,坐失良机。

因为情况总是在不断地变化之中,所以"酌情而动"是个敏感度相当高的课题。自古以来,"酌情而动"没有比行军作战更为敏感的。《孙子兵法》是一部最典型的强调"慎欲而为、酌情而动"的军事著作。其中"攻其无备,出其不意"、"知彼知己者,百战不殆"、"是故智者之虑,必杂于利害"等皆被世人奉为应理治事、慎欲谨行的名言。

三、宁静致远

"宁静致远"语出诸葛亮的《诫子书》,其文是:"夫君子之行,静以修身,俭以养德,非淡泊无以明志,非宁静无以致远。夫学须静也,才须学也,非学无以广才,非志无以成学。淫慢则不能励精,险躁则不能冶性。年与时驰,意与日去,遂成枯落,多不接世,悲守穷庐,将复何及!"

既然诸葛亮把宁静致远作为教育后代重中之重的事久为世人所崇尚,可见宁静致远对人的成长和成功是多么的重要。

诸葛亮是慎重对待欲望的高手。他博学多才,却隐身于山野。直到刘备"三顾茅庐"请他出山,他才决定"择刘而事",并以《隆中对》作为与刘备兄弟的见面礼。这足见他乱世之中"究理而欲"、"酌情而动"的深沉和慎重。出山后,他受命于危难之际,取利于强敌之手。他能"生水上火",敢摆"空城计"……这都充分显示出他识时辨局、知己知彼的过人之处。他之所以成为忠臣的楷模、智慧的化身,还有个重要的原因就是他能真正地注重宁静致远。

中国近代历史上也有许多善于宁静致远的人物,曾国藩就是其中具有代表性的一个。他以宁静的魅力拉成了自己的队伍，创造了自己的伟绩；他用宁静的作品（家书）消除了朝廷对自己的猜疑；他凭宁静的智慧教育自己的后代要做到"慎独"、"主敬"、"求仁"、"习劳"。他的努力终于没有白费，他名利双收后，被很多人奉为善于宁静致远的偶像。

宁静致远虽然不是单纯地立得定、坐得稳、独处得下，但实际生活中我们不难发现，那些有眼光、有能耐、可以独当一面、能够做成大事业的人，大多数确实是些坐如钟、立如松、行如风、安身得体、心静志高的君子。无数历史事实告诉人们，"心藏意卧"的宁静大都可以预兆"龙腾虎跃"的"致远"。

"宁静"不是躺在床上睡大觉，不是终日静坐不作为，也不是躲进深山不问世事，更不是整天呆头呆脑、执迷不悟。老子的《道德经》第十六章中有这样的话："归根曰静，静曰复命。复命曰常，知常曰明。"所以，我们要懂得所谓"静"就是返回本原，是朝着生命起点的回归。回到生命的起点就称作"常"（规律），能认识"常"就是聪慧贤明。我们更应该领会，所谓宁静致远就是要让自己先有静的质地，进而在行事过程开始时能分析和判断出结束时的情形，而事情结束后，面对自己的行动结果又能泰然自若，不惊不狂。

四、为而不争

"天之道，利而不害；圣人之道，为而不争。"这是《道德经》第八十一章中的最后一句话。其意思是：大自然运行的规律有利于万物，而不伤害它们；品德高尚的人做事的原则是用自己的善行来利于他人，而不与他人争夺任何利益。这简单朴实之语，揭示的是大自然和人性运动中的规律，寄托的是大哲学家老子对大自然的由衷敬爱，对万物之灵的赤诚祝愿。

为而不争，首先是要有为，然后才考虑不争。如果一个人好吃懒做，那他凭什么不争，何况好吃懒做本身就是一种争。硬说不是争，也只不过可能在亲情或其他环境因素的包容下他的好吃懒做还没有引起明显的不良后果而已。

第十一章 颇具魅力的欲商投入

　　为而出于自愿,是不争的前提;为而成于有功,是不争的基础;功而有德,才是不争的保证。这里所指的"功",是"为"给公众带来的物质或精神上的实惠;"德"是有为之人对规律和道理的深刻掌握和切实应用。

　　"为"有深浅、轻重之分,"功"有大小、久暂之别,但只要有为、有功,就正如毛泽东同志在《纪念白求恩》一文中所说的:"一个人能力有大小,但只要有这点精神,就是一个高尚的人,一个纯粹的人,一个有道德的人,一个脱离了低级趣味的人,一个有益于人民的人。"

　　历史上汉朝的开国大将张良可称得上是为而不争的典范。他为了给韩国报仇而椎击秦皇,这可以说是敢为;他巧得奇书,潜心研读,这可以说是乐为;他运筹帷幄之内而决胜于千里之外,这显然是能为;他倾心建汉、功勋卓著,这俨然是为而有果。然而,他却半点不争。他隐身自退,甚至"辟谷自苦,愿从赤松子游"。他是智慧的、不朽的。后来,他成了世人崇拜的"王者之师"。

　　因"禁烟抗毒"有功而被世人誉为"民族英雄"的林则徐,也可以说是为而不争的优秀者。透过他"海纳百川,有容乃大;壁立千仞,无欲则刚","苟利国家生死以,岂因祸福避趋之"等豪壮之言、赤诚之语,我们就可以感觉到他为而不争的轩昂之气。

　　无须说得太远、太广,单就抗日战争而言,我们中华大地上就有过无数为弘扬人类正义、捍卫民族尊严而英勇奋战,从不考虑个人得失的名人志士和英雄好汉。他们为而不争的精神与日月同光辉,与天地共长久。静心细想,作为生活在民族精英们用汗水和鲜血浇灌过的土地上的现代公民,为了国家的富强、人民的幸福,我们还有什么理由不接受华夏精英的传统智慧,不学习民族骄子的大局精神,去真正地实践为而不争呢?还有什么理由无视法律、道德,肆无忌惮地亏人利己、损公肥私,甚至因欲望的穷凶极恶而严重地伤天害理呢?

　　当今社会的为而不争与奴隶社会和封建社会不同。当今社会的"为"不是单纯的利己,更不是为了讨好某一个人或某一阶级,而是面向公众、国家乃至全世界的利益而"为"。当今社会的不争也不是单纯指不与他人争名争利，而是在传统道德的基础上强调做到不与道德争地位，不与法律争权威。

我们应当随时告诫自己，做人做事不能为而无意，争而有心；也不能为而失慎，争而逞强；更不能为而寡力，争而多贪。我们要深刻认识到为而不争是构建和谐社会的需要，是实现民族伟大复兴的需要。

谨慎地对待自己的欲望不是一件容易的事，有很多的规则要遵守，有很多的细节要关注。这些都是欲商的内容，是三言两语难穷其理的学问。

第三节 载欲者富

　　司马迁在《史记》的七十列传里，为经商致富的人专门写了篇传记，叫《货殖列传》。他说："富者，人之情性，所不学而俱欲者也。""本富为上，末富次之，奸富最下。""君子富，好行其德，小人富，以适其力。"除肯定富有是人的天性是不用通过学习就自然而懂并乐于享有的之外，司马迁还认为，政治家可以"谋于廊庙，论议朝廷"，既然如此，其财富当然可以因脑力劳动而获，也可以因特殊权力而得。相比之下，那些坚守个人信念和节操、隐居山林且名气又大的士人的归宿在哪里？答案是"归于富厚"。

　　司马迁对采用正当手段的致富——"君子富"表示欣赏，而对采用奸巧、邪恶手段的致富——"小人富"表示反感，这足见他具备史学家应有的公正。遗憾的是，由于多方面的原因，司马迁不可能从资本周转、生产合作以及法律和道德效应等方面对致富作更深层次的阐述。他在把重视农业生产和正当经商定为致富的主要门路时，对致富中人们欲望的适应及其功能善化的可能性也未做分析。

　　那么，什么是致富的秘诀呢？这个历来特别引人重视的问题，答案总是莫衷一是。而当人们有心从人类的欲望这个角度出发对古今中外的致富者（包括个人、团体或国家）做些较深层次的分析和了解的话，就不难发现，凡是善于创造财富者都有一个共同的特点——善于"载欲"。

　　怎样解释"载欲"？为了让大家有较简洁而又深刻的印象，笔者先借《易经》的智慧来作为向导。

　　《易经》中六十四卦，以"乾"、"坤"二卦为卦首。

　　从卦名上讲，"坤"作为卦首除表示大地形成了之外，另外一层意思就是藏。能载物、藏物，它有一个归和藏的意思。万物归于地，然后又藏于地，有保藏之意。万物是宝，地是宝的库，所以"地势坤，君子以厚德载物"。

坤卦像已耕过的土地的面貌。依物理现象说，坤卦有和顺、广远、长养和广载万物、与乾相匹配之象。

坤卦的卦德像母牛一样慈而柔顺，像母牛一样顺从、任劳任怨。"地势坤，君子以厚德载物"是坤卦的本质意义。

现在可以说，所谓"载欲"就是"君子以厚德载物"的一种表现。意思就是面对他人的欲望，表现出母牛一样的慈爱和柔顺，对他人的愿望与实际需要怀有母牛一般的顺从情怀，乐意为之奉献，是一种自然的远大的具有长养及广载意义的情感表达和理性到位。

"载欲"致富应包括如下几个方面。

一、给自己以好的暗示

暗示学告诉大家，人常常是自己的预言家。人如果能把握并发挥好自己的暗示功能，也许让自己心里想什么就可以得到什么。

2009年《福布斯》杂志公布的全球富豪榜上，靠创办数据库软件公司致富的劳伦斯·埃里森以225亿美元资产排名第四位。劳伦斯·埃里森根据自己由贫困到富有的亲身经历经常说："如果你喜欢预测梦想，但又不想让别人说你是骗子，你唯一可以做的就是努力让自己成为预言家。"劳伦斯·埃里森本人就是这样做的。他发迹之前经常对他的妻子说："我求求你，不要离开我。我一定会成为百万富翁。"虽然他的那位妻子根本就不相信他，最终选择跟他离婚，甚至连他的朋友、同事、邻居和所有认识他的人都对他的自信毫无好感，都疏远他，但是他积极地自我暗示终于让他的预言成为现实。

良好的自我暗示，代表着对自己的肯定和信赖，就像人类肯定和信赖大地的存在及其能量的伟大一样。而且，当一个人有了这种肯定和信赖后，对他人合理化欲望的关心、体贴，也就会像大地长养和广载万物的功能一样，是那样的自然而亲切。

作家保罗·科贺在《牧羊少年奇幻之旅》一书中说："没有一颗心会因为追求梦想而受伤……当你真心渴望某样东西时，整个宇宙都会联合起来帮你的忙。"心念的强大，常常可以跨越现实的阻碍，结合所有对你有利的条件，构成一种神奇莫测的力量。只要你善于暗示自己，并立定志向，努力付诸行动，你就会小则像航母，大则像原野、像海洋，载而有力，藏而有能。因为，在人类欲望的大世界中，你富有理性和情感，善于为别人着想、为大众而动、为公众谋利益，人们就会相信你、依靠你、支持你、服从你、拥护你、尊敬你，你就有机会成为载欲而富的佼佼者。

有了良好的自我暗示，你就会有积极乐观的自我发展。为了发展，你就会很自然地想到与周边人建立和谐的关系。这种与周边世界建立良好关系的举动，连同你用自己的热情和能力为大家创造实惠，以及给公众做出贡献的行为，就是你"载欲"的过程，也是你以"圣人不积，既以为人，己愈有；既以与人，己愈多"（《道德经》第八十一章）的智慧启发自己，实现"载欲者富"的成果。

二、为大众的需要而创业

人人都希望自己能致富。很多人懂得创造财富需要智慧和胆略，但有一点不一定为一般人所重视。那就是，创业致富不能只是考虑自己个人的欲望，而是一定要顺应公众的实际需要。

世界上那些著名的大富豪，他们的致富各有特色，但也有许多共同点，其中最具影响的就是他们都针对大众生活和发展的需要而创业。他们的创业都是"载欲"式的创业。所以，他们不但为自己创造了财富，也为公众、为社会创造了财富。他们的致富是为社会进步增加动力。

美国的艾萨·坎德勒把一个不被人们所认识的产品发展成为誉满全球的"可口可乐"王国，他的秘诀就在于把坚定的信念、非凡的胆略和超群的才能用在大众的生活需要上。

具有解渴提神魅力的可口可乐，从诞生的第一天起，便日益红火地受到世人的青睐。这充分体现"载欲"产品必定会受到大众的欢迎。"载欲"的创业者必然更有机会成为致富的领头人。

此外，汽车大王亨利·福特（美国人）、电器巨人松下幸之助（日本人）、娱乐业皇帝沃尔特·迪士尼（美国人）、麦当劳巨头雷·克罗克（美国人）、时装天才皮尔·卡丹（意大利人）、企业巨子李嘉诚（中国人）、金利来之父曾宪梓（中国人）、靠微软起家的世界首富比尔·盖茨（美国人），等等，这些大富豪的致富也都是以自己的事业与公众的生活需要相对口、相适应为前提的。与此同时，他们创业致富中还有很多为劳动者身体健康、人身自由、生活条件和劳动报酬等问题着想的动人事迹。例如，亨利·福特在想到企业股东以及高级管理人员的收入与工人的收入差距拉得太大并且工人们劳动太辛苦、情绪常常很不稳定时，就亲自主持干部会议，决定增加工人工资，并把工作时间由过去的九小时二班制改为八小时三班制。亨利的"载欲"举措得到了全社会的认可，人们称他是"一个为人造福的大亨"。

"载欲者富。""载欲"，一定要载正当之欲，即为理性化的欲望服务。如果不分青红皂白地把为满足自己或他人私欲而耍的一些花招也视为载欲的举措，那便是不理智、不道德和无视法律的表现。

或许有人在想，不载欲或载私欲者就真的不能创业致富吗？笔者的回答是：首先，不载欲或不能载欲者肯定不能创业致富。因为，一个不懂得自我消费和享受，也不能为他人提供任何方便，更不能对他人有任何奉献精神的人，是不可能让自己投入到创业和享受致富的过程中去的。不过，载私欲者则情况有点不同，他们有时可能会很有钱，正如培根《论人生》中的《论财富》一文所谈到的，"当财富从魔鬼那里取得的时候（如靠欺诈、压榨或其他恶术），那一定来得很快"。但是，靠卑污之术捞到财富的人，往往也印证着培根《论财富》篇章中的另一句话，那就是："因财富而毁掉的人远比被财富所救助的人多。"再说，如果你的载欲方式是为他人进行歪门邪道提供方便，是为满足那些卑污之欲服务，那你即使非常富有，也逃脱不了道义的谴责和法律的制裁。

团队，乃至国家的创业致富也与个人相类似，也必须以满足公众的正当欲望为原则。任何载欲模式都不能违背正义、践踏人道，更不能无视大自然和人类社会的基本规律。同时，"地薄者大物不产，水浅者大鱼不游，树秃者大禽不栖，林疏者大兽不居"。这出自于黄石公密传给张良的《素书》中的警世恒言也很值得载欲者借鉴。

"天道无亲，常与善人。"如果你所做的事业能与天理相通，能与人的正当欲望相融，那么无论在精神还是物质上都是富有者。如果你追求财富的目的不是为了满足私欲，而是为了得到一种行善的工具，那么你就选择了最佳的载欲方式，你就是在凭自己的品德和能力、理性和情感为公众的欲望做好事，你就是最理想的载欲致富者。

三、让他人占便宜

有句老话叫"吃亏是福"。吃亏的实质就是让别人占便宜。为什么自己吃亏让人家占便宜反倒是福呢？在回答这个问题之前，大家先想一想，为什么那些从小就大手大脚请朋友吃饭或者为亲人花钱（钱一定要是自己劳动所得或公正合理所获）的人，到后来仍然有条件大方？那些历来就小气，总以各种理由回避为别人花费的人，多年后依然过着拮据的生活呢？研究者认为，那些有大方习惯的人之所以大方，是因为他习惯于在用自己的能耐让人家获得满足需要的快乐的同时，使自己也享受快乐——一种被人需要与被人感激的快乐。更重要的是，因为他能给周边人带来物质实惠和精神享受，所以他的欲望和情感就能与对他有感恩和需要者的欲望和情感达成和谐。这种和谐的巩固与发展又会让他的"本我"进一步得到扩大，成为新的"大我"。这样，别人就会更加乐意把他视为欲望和情感的归宿。于是，他的品行、智慧、能力就会越发超众，致富的信息和机会也更能在一大批人的提供下而不断地显得有优势。因此，他获得财富的可能性当然更大。当那种乐于大方的品德在理性和情感世界不断地发展与光大时，他的财富也跟着不断地发展和壮大。看着自己物质和精神上具有连锁性的发展和壮大，他就会由衷地觉得吃亏是福。

人们验证过的"吃亏是福"的例子还多得很。例如，安踏公司掌门人丁世忠信奉他父亲教给的"黄金分割"比例——51%与49%，即每件事情都要让别人占51%的好处，自己只要49%就行。

虽然51%和49%的差距只有两个百分点，但如果遇事能长期按这个分割法去与人分享利益，那么你就可以赢得他人的认同和尊重。

长此以往就会有更多的人乐意与你合作，你便可以从不同的对象中获得众多的49%。俗话说"一个长子难顶两个矮子"，那么两个以上矮子的总高度肯定更胜于一个长子。这样，你就会在不断地让别人占便宜中聚少成多、合众而强。

还有，乐于布施更是最直接的让别人占便宜的方法。《历史上最伟大的赚钱秘密》一书是美国人乔·维特尔写的。书中特别强调："如果你想得到金钱的话，你只需要做一件事……将你的钱布施出去。""对，布施出去。""你必须布施，大量布施，才能进入生命的'获得'的洪流。""让你的布施发自'富足'而不是'贫乏'。不要期望从你的布施对象那里得到回报，但你可以预期，回报一定会来到。当你这样做的时候，你一定会看到你的富足的繁荣。这就是历史上最伟大的赚钱秘密。"

且看，长期热衷于慈善捐助的美国有线电视新闻网（CNN）的大股东泰德·特纳曾在1997年9月宣布要捐出10亿美元，这是他当时净资产的1/3。他要送给素不相识的人，指定这笔巨资的受益者是联合国，要用于处理人口控制及传染病防治等事务。当有人问起他为什么要给联合国捐助这么多资金时，他直言不讳地说："我发现我越是做好事，钱就进来得越多。"他这样说，一方面是告诉大家自己亲身体验过的事，另一方面是想鼓励更多的人为慈善事业捐赠，所以没有任何羞耻感，也不表示他捐助的动机不纯。终于，事实又一次证明泰德·特纳的发现确实是个真理。2001年的时候，他的身价达到了90亿美元，是他1997年的3倍。

再看，洛杉矶的企业家罗伯特·洛和世界首富比尔·盖茨等，他们在捐钱的时候根本没有考虑过赚回成本的事。然而，多次捐赠后的事实总让他们发现慈善行为常常能博得别人的好感，从而让肯为慈善事业付出的人更有机会结识对自己有用的人，更有机会让人乐意接受自己的产品或支持自己的事业。

当然，我们不否认，由于体制和传统习俗等方面的差异，同样性质的布施在不同国家或不同环境中的效果可能会大不相同。但是，我们应当相信，在理性的王国里、情感的阳光中，当自己是一道风景的时候就自然会有人欣赏，当自己被人需要的时候就自然会有人爱护。我们更要相信，当人能对周边世界表示厚爱的时候，温暖就会环绕在他的身旁。要记住，能让别人占便宜就体现出自己的道德和能耐，能做到"载欲而富"就显示着自己的勇气和力量。因为，这是为拓宽致富之路，为长养一批全民致富的领头人打基础。

"载欲者富"，这是人类社会的普遍现象。想要致富，就需要"载欲"，更需要具备致富的心态，以涵养自己的德行。

第四节　治欲者强

"治欲者强"是指善于对欲望进行管理和统治的个人或组织都有可能显示出力量上的强大。从范围上讲，治的对象包括主体欲望和客体欲望，或称自我欲望与外界欲望。

传说，一次闲谈中张之洞问袁世凯练兵的秘诀。袁世凯说："练兵的事看似复杂，其实很简单，主要是练成'绝对服从命令'。我们一手拿着官和钱，一手拿着刀，服从就有官和钱，不服从就吃刀。"这简单的一段话，道出了专制制度下掌权者统治人们欲望的伎俩。

正常人个个都有欲望，欲望的突出特点是求己之所需所喜，避己之所厌所恶。

就个人而言，有欲望就需要对欲望进行管理；就社会而言，有欲望就会出现对欲望的调和与统治。

历史上，在讨论如何把国家治理得井井有条、欣欣向荣时，孟子与齐宣王曾把重点放在如何解决欲望所向的"声、色、货、利、勇"这五件事上。要解决这些欲望所向的问题，当然就需要对欲望进行统治和管理。

对欲望进行统治和管理，是人类社会中每个时代、每个国家、上至最高层统治者、下至普通民众都特别关心的事，因为这关系到人的生存质量。那么，有哪些东西是欲望治理中最值得注意的呢？笔者认为，有如下两方面特别重要。

一、了解内心、看透欲望

要对人的内心进行了解，当然是不容易的事。不过，正因为不容易，所以历史上很多智者才千方百计给后世留下宝贵的经验。

孔子强调，要了解一个人的内心就必须"视其所以，观其所由，察其所安"，即看他的目的是什么，观察他的动机和本心如何，审视他平常做人安于什么。诸葛亮借鉴多种兵书上的经验，总结出知人的方法是：问之以是非而观其志（"志"指立场和观点、信仰与志向），

第十一章 颇具魅力的欲商投入

穷之以辞辩而观其变（"变"指智慧和应变能力），咨之以计谋而观其识，告之以祸难而观其勇，醉之以酒而观其性，临之以利而观其廉，期之以事而观其信。类似的经验还有很多很多。经验告诉大家，人是可以了解的，人的欲望也是可以认知的。

假若我们明知有人正怀着某种欲望，那么又如何知道他在欲望的实施中会是怎样的一个人呢？在这方面，人们总的认为是：只要多观察行为细节，便可了解其内心世界。

例如，观察眼神可以了解对方的内心世界。有关经验为：平视者多诚，上视者多傲，下视者多奸，偏视者多诈，半视者老练却逊雅，凝视者坚定且专心，多视者过敏，飘视者乖僻弄人，弱视者昏花而少成，眼笑者圆滑又多巧，眼频眨者好智亦好私，眼光锐利者聪明而多露，眼静澈者仁爱并多福，等等。

再如，通过某人的言辞便可以判断其欲望是否纯洁，为人是否正派：讲话时心浮气躁的人大多是为欲望所蒙蔽，讲话不重视事实根据的人大多是欲望没有着落，常讲下流话的人行为难免放荡，言谈总习惯于乖戾自是的人多半是自私而不尊重道理，言语支支吾吾的人做事免不了敷衍搪塞，等等。

还如，通过对人肢体动作的观察和分析便可以了解其人性的实质。如作家茨威格在《一个女人一生中的二十四小时》这部小说里通过描写赌桌上的一双双手，生动地刻画了一个个赌徒的性格、情绪和欲望。他写道："根据这些手，只消观察它们等待、攫取和踌躇的样式便可以教人识透一切：贪婪者的手抓搔不已，挥霍者的手肌肉松弛，老谋深算的人两手安静，思前虑后的人关节弹跳；百般性格都在抓钱的手势里表露无遗，……"

此外，无论是针对个人还是团体，你想了解其欲望，首先要掌握其欲望的内容和动机，然后再对其实施欲望的态度、方法、步骤以及可能造成的各种影响等进行分析和判断。面对团队，还要看其信仰是否崇高而又坚定，生活秩序是否优良而又恒稳，合力是否坚实而又灵活，再看其是否有危机意识，然后就是看其有没有保证内部展开合理竞争的管理制度和措施，有没有让成熟了的欲望实行跨越式发展的信心、智慧和勇气。面对个人，还有很重要的一点，就是看他对己、对人、对事物，有没有强烈的责任感。

笔者提倡了解欲望，是为了对欲望进行治理，最终让欲望有利于自己、有益于大众和全社会。

二、掌握方法、重视效果

治欲者强，除了把了解和研究当作前提之外，"治"还有如下几层意思：①治理；②安定或使之太平；③医治；④惩办。在别的语句中"治"还可以解作消灭，如"治害虫"。就治欲望而言，"治"的意思一般都不是指"消灭"。但是，也不能完全忽略这方面的意思，因为在对欲望的治理中假若碰上了顽固不化的邪欲恶念，就势必下点狠功夫，铲除邪欲，压制恶念。

对欲望进行治理，包括对欲望的统治、管理等。

实践不断地证明：要对人的欲望实行管理，最有效的办法就是充分利用有效的组织和切实可行的制度。组织是指按照一定的宗旨和系统建立起来的集体。任何一个集体或组织都有对内部欲望进行组合和凝练，对外部欲望形成友好或敌对的双重作用。

国家是个大集体。就欲望上的治理而言，国家的产生及其存在与发展，都是为各方面的治理做工具性的准备；从欲望的内部治理上讲，所谓国家即是统治阶级对被统治阶级实行专政的暴力组织。正因为这样，所以国家一般都很重视军队、警察、法庭、监狱等方面的组建及实用。

从欲望的性质上讲，对内而言，国家是各个阶级的欲望不可调和的产物；对外而言，国家是某特定区域的民众之欲与其他同类团体（国家或集团）达成平等互利或相互竞争乃至相互敌对的一种组织形式。国家的强弱很大程度表现在对内部欲望和外部欲望进行治理的能力上。

无论大集体还是小集体，对内部欲望的治理主要靠制度的建立与健全。著名的"分粥效应"告诉人们：好的制度对团队来说至关重要，但好制度不是天生就有的，也不是轻易能形成的。好的制度必须经过反复的协商与探索过程才能产生。否则，制度就很难达到公平、合理。不受任何制度约束的权力，难免会变成满足私欲的工具。所以，制度就是一种最具代表性的控制欲望的武器。制度有好有坏，在对欲望实行的管理中，任何承认特权的制度都是有害的。道德是人们为有效地治理欲望而倡导的思想和行为标准，可是它难得在某一个人身上有恒稳性的表现，而且对欲望也没有硬性的约束力。因此，道德不能代替制度去对欲望进行统治或管理。人类社会中，制度（含法律和各种管理制度）对欲望的具体实施所进行的管理要与情感对制度的接受，特别是理性对制度的规范和完善融会贯通。唯其如此，方可达到"治欲者强"的目标。制度的效力应当包括令掌权者不能因权力的方便而贪图利益，也就是要使掌权者要么没有谋私利的机会，要么慑于制度的威力不敢谋私。制度的建立不能感情用事，而要从实际出发坚持用理性做指导。制度必须钳制权力，权力必须为制度的有效实行而服务。

国家对公民欲望实行治理的最有效的办法是让民主定制度，以法治促管理。

小集体、大集团都是一样，内部欲望上的凝聚与自强必定会让其综合实力日益强大，对外竞争优势不断增加。由此，这种集体，特别是作为国家，就会产生出左右外界欲望的实力，就会对外界欲望有诱导或控制的可能。这样的国家在国与国之间就会处于强势的位置。

对欲望进行治理，当然少不得让欲望得到安定与祥和。欲望的安定与祥和分两种场合而论。要想在内部场合中显出安定与祥和，就必须依靠全体成员整体素质的提高，并在此基础上创造出过硬的制度管理；要想在外部场合中显示出欲望的安定与祥和，就必须要有强大的内部实力做后盾，必须有领先超众的科学技能和灵活机智的竞争方式，还要有压倒一切对抗势力的信心和勇气。所以说，欲望的安定与祥和并不是满足于现状，而是在稳中求发展，在和谐中开拓进取、与时俱进，并不断为长远的安定和发展创造奇迹。

欲望纵横谈

欲望是人性中最原始、最基本的要素。欲望肯定会有发展中的疾病与伤痛，所以必要的时候也少不得要对欲望进行"医治"。

对欲望进行"医治"的方法灵活多样，其中"批评和自我批评"就是最普遍也很有效的两种。总而言之，在对欲望进行"医治"的过程中，理性是最好的"医生"，情感是最好的"护士"，自我认识、自我纠正、自我改造是最好的"药物"。根据本节开头对"治"的解释，大家应该理解，对欲望进行治理的关键还得实行奖励和惩治。世上所有的治欲高手没有不重视赏罚的。"赏不可不平、罚不可不均"，"赏不可虚施，罚不可妄加"，"赏罚贵在千里"，"赏里罚表"等都是我们中国人贯来遵循的原则。先进的个人或集体之所以先进，与其上级对欲望的奖惩关系很大。

在各方面活动中，人们都会希望自己是治理欲望的能手。要想是这样，就必须从历史和现实中多借鉴人家的经验，再结合实际进行创造性的应用。

中国历史上曾有很多精于治理人欲的高手，尤其是一些帝王将相。

作为明朝的开国皇帝，朱元璋在取得专制政权后，最看重的就是权力巩固。因此，他不择手段地对臣下和百姓的欲望进行统治和管理。他从改变官制、改善吏治、严格法令、压制舆论、杀戮功臣和实行特务统治六个方面下手，最终令文武百官和平民百姓的欲望在强权之下不得不抑制和收敛。

与朱元璋这类常用强暴手段统治人们欲望的帝王相比，开国皇帝中也有对人的欲望怀有仁厚之心而采用"柔道"进行治理的。例如，东汉的光武帝刘秀就是这方面的典型。

刘秀实行轻法缓刑，重赏轻罚，以结民心。东汉建立后，刘秀仍然实行怀柔政策，避免了开国之君杀戮功臣的悲剧，使得东汉政治安定，经济也得到较快的恢复。

就对欲望进行治理的方法而言，中国历史上的帝王们大多数是采用《韩非子》中概括的，以"法"、以"术"、以"势"。

帝王中有治理欲望的高手，人臣中更不乏治理欲望的好汉。春秋时期，齐国的管仲堪称是治理人们欲望的英才。在当时的专制社会，他的治欲本领表现在如下几个方面：

1. 精于治国惠民之策

齐桓公接受鲍叔牙建议，不计前仇，准备拜管仲为相，齐桓公跟管仲有如下一段对话。

桓公问："寡人初任齐国君主，国势不振，人心未定，不知重振朝纲，振兴齐国，从何入手？"

管仲曰："礼义廉耻，国之四维，四维不张，国将败亡，主公要重振朝纲，须首张四维。"

"如何振民气？"

"要振民气，必须爱民如子。君爱民，民则爱君。君民一心，不愁齐国不治。"

"爱民之道如何？"

"轻徭薄赋，使民致富；加强教育，使民知礼；从善如流，以顺民心。"

"如何使国家安定？"

"士、农、工、商，谓之四民。使各从其业，民富国安。仓廪实而知礼节，衣食足而知荣辱。民如富足，则其自安。"

"财源足，何以致富？"

"销山为钱，煮海为盐，商旅通于天下，百货齐集，课以税收，财源可足。"

"请问强兵之道？"

"兵贵于精，不贵于多；强于心，不强于力。务使全军居则同乐，死则同哀，守则同固，战则同强。有此三万兵，便可横行于天下。"

还有，管仲所谓"尊王攘夷"即挟天子以令诸侯一策，是当时最高明的战略，也是齐桓公成就霸业的关键。管仲所提供的治国策略中无不体现"治欲者强"的意思。

2. 深知要给自己充足底气才可治理人们的欲望

常言道"贱不能临贵,贫不能役富,疏不能制亲"。管仲刚开始主持国务时,因出身贫贱,怕在贵族豪门和功臣宿将面前说话没有分量,便把自己的顾虑告诉桓公,于是桓公加封他为上卿(百官之首)。

过了一段时间,不见有多大变化,桓公问他原因。管仲说:"手中无钱不好办事。"于是,桓公就把贸易税收全部交给他使用。

又过了一段时间,还是不见有何功效,桓公又问原因,管仲说:"我不是你的近亲,对公族的一些事不好处理。"于是,桓公尊称他为仲父。

管仲有了号令百官、掌握财政、处置贵族这三方面的实权,这才开始放手对经济、内政、外交、军事等进行一系列大胆改革。很快,改革为齐国称霸诸侯奠定了雄厚的物质基础。

3. 善于创新和重用制度管理

管仲首先在经济上实行改革,打破西周以来井田制的限制,实行按土地的好坏分等级征税的实物税制;在内政上实行"三国五鄙"制,强化国家的权力;在军队建设方面采取兵器赎罪的方法,加强了军事力量;在人才选拔上实行"三选"制网罗人才,扩大了统治基础。

4. 理解并避开主上的私欲

在一次君臣对话中,齐桓公问:"寡人好色,是否影响称霸?"

管仲洞悉人的欲望,懂得饮食和男女之欲是最受人重视的。他理解齐桓公贵为一国之君可能把"好色"和"称霸"看成是同一个欲望层面上的享受,甚至在君权不受任何约束的专制时代,君主很有可能还会将"色欲"凌驾于"霸欲"之上。所以管仲回答说:"只要知贤而用,用而不疑,任君子勿杂以小人,就不会影响称霸。"管仲的回答,既保证了齐王的色欲空间,又为自己的主动行权拓宽了道路。

5. 料人如神

根据易牙为了取悦君侯而甘心杀子以供君炖食的大悖人道之举,管仲断定其内心不会忠于君侯;根据卫国公子开方放弃千乘之太子不做而侍奉君侯的异常表现，断定其是不可亲近的小人；根据竖刁甘受宫刑以待奉君侯的反常之举，断定其绝不可信任。因此，当管仲患病，齐桓公到病榻前看望他，并握住他的手问及以后当如何用人时，管仲奉劝齐桓公远离易牙、开方、竖刁这三个小人。

管仲死后，齐国政坛后继无人，桓公禁不住这三个宵小的阿谀奉承，遂忘了管仲之劝告，将大权尽委三个小人。情况正如管仲所料，自此，齐国"国事日非"。

同是一个齐国，同是齐桓公为王，以管仲为首进行全方位"治欲"，则国富民强，齐桓公因此而享有"九合诸侯，一匡天下"的荣耀。而易牙、开方、竖刁三个小人带头"乱欲"，则"国事日非"，齐桓公也因此而落得与世隔离、遗体发臭的凄凉。由此可见，对欲望的治与不治、治好与治坏是多么的不同。

在封建专制社会，像管仲这样的人，既称得上是"忠臣"，又称得上是"良臣"、"能臣"。他的治欲宗旨是富国强民，手段也是合情合理、光明正大的。相比之下，在封建专制社会中的那些"奸臣"、"莠臣"以及"庸臣"，他们的治欲目的是为自己谋划利益。他们选择的手段大多是对上进行迎合和蒙蔽，对下则进行压迫和愚弄。人除上面讲到的易牙、开方、竖刁之外，唐朝的李林甫、北宋的蔡京、南宋的秦桧、明朝的严嵩、清朝的和珅等都是最具代表性的人物。

无数历史事实证明，用卑鄙恶劣的手段迎合或欺压人们欲望的人，只能逞强一时；以理智机敏的方式教化和治理人们欲望的人，方可流芳百世。

第五节　健欲者达

健欲至少有两层意思：一是使欲望在实施之前就达到相应的理性标准和情感档次；二是让正当的欲望在实施中具有强烈的竞争优势，或能产生出独特的超越性。

要让欲望得以强健，就个人而言，关键是要提高自身素质。素质主要包括理性与情感素质、身体和品行素质、知识与技能素质等。

从古到今，世界上那些有显功大成之人，他们对个人、团体、国家乃至全社会的欲望强健都特别重视。这方面的具体事例也多不胜举。

前人的经验和智慧告诉大家，无论是对自我发展，还是对国家和全社会文明化程度的提高，人们欲望的强健都是至关重要的。可以说，在人类社会中，如果没有欲望的强健，那么人的情感就会像一江浊水，理性就会像一片浮云。

一般情况下，人们欲望的强健要分两步走。第一步是思想的强健。这就像20世纪美国最著名的心理学家和人际关系学家卡耐基在他的《人性的弱点全集》第一章《深入内心世界》开头就讲到的那样，让"心中满怀平安、勇敢、健康与希望"。卡耐基在强调这一观点时，引用了好几位思想家的名言。例如，"人是自己思想的产物"（爱默生）；"思想决定一生"（奥理欧斯）；"你所认为的，并非真正的你；反倒是你怎么想，你就是什么样的人"（诺曼·皮尔）；"伤害人的并非事件本身，而是他对事件的看法"（蒙田）；"人如果改变对事与人的看法，事与人就对他发生改变……如果一个人的想法有激烈的改变，他会惊讶地发现，生活中的状况也有急速的变化。人的内心都有一份神奇的力量，那就是自我……所有的人都是自己思想的产物……人提升了自己的思想才能上进，才能克服并完成某些事。拒绝提升思想的人，只有滞留在悲惨的深渊中"（詹姆斯·艾伦）；"只要将一个人内心的态度由恐惧转为振奋，就能克服任何障碍"（威廉·

詹姆士)。我们深刻体会这些名言所蕴含的道理，对强健自己的欲望是十分有益的。

除与主观思想上的严格修养密不可分之外，强健欲望还与客观上的自然环境和社会环境有非常密切的关系。这种关系时常对人的思想产生多种隐形的影响。

也许有很多人知道，在长江中游北岸大别山南麓有一个偏僻的小镇，名叫蕲州镇，是李时珍的故乡。20世纪末有人做过统计，在蕲州镇上仅有的一条约500米长的东西街两旁居住的100余户人家中，仅20世纪就出了100多名博士、教授，而且接近一半为留洋者。是什么原因令小小的蕲州镇出现这般奇迹？最具权威性的分析认为：一是社会风气好；二是经济发达、人文荟萃；三是镇上那99座牌坊、99口水井、99座庙宇盛载着千百年来的传统文化之魂，对人们有特别神奇的激励作用；四是拥有地势高朗、东西走向、房屋南北向、日照充足、空气流通新鲜等优越的环境条件。这四个方面的特色都在客观上为居民们的欲望健康提供了便利。

强健欲望的第二步，也是最关键、最过硬的一步，就是让欲望在生活中去实践。俗话说：读万卷书不如行万里路，行万里路不如得高人指助，得高人指助不如自己能悟，自己能悟不如在实践中起步。这种说法告诉我们的道理是，人只有通过具体的行为实践，才能证实自己的欲望是否符合情感规范和理性标准，才能证实自己的智慧、勇气、能力是否可以让欲望以强健的姿态降伏其诱因。这方面的道理正如伟大的孙中山先生年轻时面见清末名臣张之洞所说的"行千里路，读万卷书，布衣亦可傲王侯"那样。

马克思主义者认为："实践是检验真理的唯一标准。"这告诉我们，欲望的强健程度怎样，只有通过实践的检验才能得出结论。实践既要有具体的目标，又要有切合实际的理论做指导。比方说，如果自己有在人际关系上取得某种成功的欲望，那么怎样将自己的欲望付诸实践呢？很多人认为，假若自己在这方面的实践中能借鉴前人的经验和智慧，以科学的态度和方法踏踏实实地去做，就一定会取得好的效果。

我国传统文化中有很多指导欲望在日常行为中得以强健的名言、名著，其中以《易经》、《道德经》、《论语》等尤为精要。

至于在实践中如何让某一方面的欲望具有独特的超越性，产生强烈的竞争优势，这又是另一个问题。为了讨论不空洞、不单调，我们把它与如何让国家和民族乃至全人类欲望的强健合在一起来谈。

当今社会要让一个国家或民族的欲望强健起来，一靠教育与科学的发达，二靠民主与法治的健全。

教育和科学的发达是人类一切文明的源头与动力。世界上拥有先进的物质文明与精神文明的国家或民族都离不开对教育和科学的重视。世界上某些国家或民族物质文明和精神文明落后的根本原因就是教育和科学技术的落后。

胡适曾在他的《领袖人才的来源》中说："欧洲之有今日的灿烂文化，差不多全是中古时代留下的几十个大学的功劳。近代文明有四个基本源头，一是文艺复兴，二是十六七世纪的新科学，三是宗教革新，四是工业革命。这四个大运动的领袖人物，没有一个不是大学的产儿。中古时代的大学诚然是幼稚的可怜，然而意大利有几个大学都有一千年的历史；巴黎、牛津、剑桥都有八九百年的历史；欧洲的有名大学，多数是有几百年的历史的；最新的大学，如莫斯科大学也有一百八十多年了，柏林大学是一百二十岁了。有了这样长期的存在，才有积聚的图书设备，才有集中的人才，才有继长增高的学问，才有那使人依恋崇敬的'学风'。至于今日，西方国家的领袖人物，哪一个不是从大学出来的？即使偶有三五个例外，也没有一个不是直接间接受大学教育的深刻影响的。"

人类历史中，尤其从现代史开始，一场场以发展生产力和争取创造更多的物质实惠为主要目的的科学技术革命，令很多国家和民族的欲望在放纵与膨胀的同时也享有了获得强健的机会。这让它们的欲望更有条件在理性的空间展翅飞翔。例如，世界当代史上的第三次技术革命就是以空前的规模和速度把科学和技术推向新的高峰，同时使科学技术向社会机体的所有毛孔进行全面渗透才开创了科学社会化和社会科学化的新纪元。科学技术不仅影响每个发达国家的政治、经济、文化、军事、外交、教育、劳动方式、生活意识、民族心理、思维方法、道德准则、宗教信仰等，而且让人类所有的文明都处在日新月异的变化之中。

普鲁士和德国，都是很值得为自己重视用教育和科技来强健民众之欲望、壮大国家实力而自豪的国家。普鲁士元帅毛奇在普法战争胜利后，自豪地说："普鲁士的胜利早就在小学教师的讲台上决定了。"

"二战"后，德国凭借百余年来科教兴国政策，依仗国民整体的高素质和林林总总的人才，励志健欲，很快在一片废墟上再度繁荣起来。

教育和科学的发展是令个人、群体、国家和民族的欲望具有超越性、产生强烈竞争优势的根本动力。试看当今之世界，无论国之大小，皆是教育兴则国兴，人才强则实力强。

如果说重视教育和科学的发展是人们善于用自然情感和自然理性来保证欲望健康和欲望强势的一种表现，那么实现民主和法治则是人们善于用社会情感和社会理性来保证欲望健康和欲望强势的又一种表现。这两种表现都到位，则公众的欲望必定会强而又健，国家的合力一定是健而又强。

以色列是个人口仅700万，领土只有2.5万平方千米的国家，半个多世纪以来面对10倍于己的敌人，历经5次中东战争而未倒，堪称奇迹。到底是什么令自然资源十分匮乏的以色列实力却如此强大？研究以色列的人告诉大家，这当中有四个重要原因。首先，以色列的教育非常发达。这让现在的以色列每一万人当中就有140名科学家和技术人员。这比美国的80人和日本的75人还多得多。诺贝尔奖从1901年首次颁奖到2001年的100年间，在总共680名获奖者中，犹太人或具有犹太血统者共有138人，占了1/5，而犹太人占全世界的人口比例不过1%。第二个原因就是以色列凭教育和科学的发达而人才辈出。这让国家的经济实力和军事实力也跟着强大。就经济而言，以色列人均GDP（国内生产总值）超过了2.5万美元。第三个原因是民族的整体素质高，并且还有美国的援助。第四个原因就是以色列在治理国家的策略上很注重民主与法治。这方面以色列最显著的特征是，全体公民对国家治理上的问题都可以平等地持有怀疑和辩论权。

《现代汉语词典》中对民主的解释是"指人民所享有的参与国事或对国事自由发表意见的权利"。笔者认为，从民主对强健国民欲望的应有作用上说，这种解释仅仅只描述了民主的一个侧面。

从人性的角度讲，民主的过程应是一个欲望、情感、理性三者积极融合的过程。从国家利益的全局观点上讲，民主就是为公民欲望的实施创造良好的情感和理性氛围，并形成制度，保证平等。

法治对欲望的纯洁和强健更有奇效。中国历史上的每一个阶段性的强盛都与严格实行法治密切相关——尽管封建式的法治中民主意识不够强。就整个世界而言，更是没有不用法治而能富国强民的先例。

公民的素质，社会的民主，国家的法治是让欲望得以强健的三个法宝。

健欲者达。"达"包括"通达"——懂得透彻；也包括"达到"——成功地实现自己的理想，满足自己的需要；还包括"显达"——可以让自己和与自己密切相关的人及团队、环境等都显得有尊严、有贵气。

第六节　合欲者香

合欲者香。"合欲"也有三个方面的意思，一是让自己的欲望与他人达成一致，二是使别人的欲望按自己的要求合成一体，三是相关人在同一种理念的诱导下自发、平等地将欲望联合起来。

历史和现实中，凡是在对人对事的统治与管理上取得过成功的人都有一种善于将众人的欲望合并起来的能耐。中国封建社会中的那些开国皇帝和盛世明君个个都是合欲的高手。汉高祖刘邦凭豪爽豁达、出手大方来合众人之欲而打败项羽，宋太祖赵匡胤以善待后周并开创繁华盛世来合国人之欲而稳定社稷，唐太宗李世民用虚心纳谏和竭诚利民来合天下之欲而光耀历史，清圣祖康熙靠除奸削藩、攘外安内来合民族之欲而捍卫中华。这些都是世人皆知且乐于颂扬的。

"上下同欲者胜"、"同天下之利者王"是古人告诫世人如何作战和奠定基业的名言。

中国现代历史上，当官的要算清朝名臣曾国藩最具代表性地实现了"合众人之私，以成一人之公"；经商的要算胡雪岩最具代表性地实现了"合多方之欲，以积一家之财"。

古今中外，各行各业有志于获取成功者，无不把自我与外界欲望的联合当作一种求之不得的大好事。

无论何时何地，也不管是哪一个领域内的欲望合作，其性质上都有良性和劣性之分。良性的合欲是以光大理性、敬重情感，特别是以对欲望进行道德规范和法纪制约为前提的；劣性的合欲是苟合，是无视理性存在和情感实际的合，这种毫无道德和法纪观念的合，很多时候会令人气愤。良性的欲望合作常常给社会进步产生推动力，劣性的欲望合作往往给人类文明造成污染和破坏。

根据本书第一章对欲望大体内容的表述，笔者认为欲望的联合在内容上可以任意选择。所以，合欲的内容我们可以不再细说。下面着重讨论合欲有哪些最基本的形式和方法。

合欲的形式大致可分为结、汇、融、磨、撮、集、组、联等。

欲望的结合是指像夫妻或兄弟一样相互配合、相互扶助，建立共同的利益体。《三国演义》中讲的刘备、关云长、张飞桃园三结义，就是三个豪杰在天下需要安定这个大道理的指引下，凭着"破贼安民"的激情，以义为纽带，相互在建功立业的欲望上实行合作。

欲望的汇合是指像百川汇海一样把欲望汇成声势浩大的整体。例如，抗日战争时期，全体中国人民的民族自救欲望就曾汇聚出强大的力量。

欲望的融合是指多方面的欲望大范围、高格调地合在一起。这种合，需要理性和情感的特定氛围。例如，中国历史上曾有过民族大融合，这当中就包含多个民族的理性、情感、欲望上的融合。民族欲望相融合的格调，通常先是通过文化的形式表现出来的。

欲望的磨合，也可称为走合，是指欲望像新组装的机器一样，通过一定时期的使用，把摩擦面上的加工痕迹磨光而变得更加密合，进行合并式运作。这种合，有可能通过在实施中对理性的探索、对情感的历练而不断得以严密，并有利于合作者的当下受益和未来发展。如果谈不上有对理性的探索和情感的历练，那么肯定是"组装"中出了问题，这就可能会出现磨而不合的情况。

结合、汇合、融合、磨合，这四种合欲模式的突出特点在于以自信、自主、自动、自强为前提，是主观性特别强的欲望合作模式。

此外，欲望的撮合（或称捏合）是指通过外力使其合在一起。如封建社会的婚姻多是如此，即使不完全靠"捏"，也至少是"天上无云不下雨，人间无媒不成婚"的撮合。

欲望的集合是指把分散的欲望聚在一起。例如，有些企事业单位为了突击完成某项任务，通常把有关员工召集在一起，把欲望集中到为树立单位的美好形象、争取尽可能大的收获这个份儿上。然后分工负责，动员大家赶快行动。

欲望的组合是指把单个的欲望组织成为整体。组合需要有严密的组织和纪律。例如，民国时期各种各样的帮会组织目的就是悉心将其成员的欲望进行组合，从而形成某种势力，为圈内人的欲望的满足提供方便。

欲望的联合是指让欲望大范围发生联系，并使其不分散。欲望的联合需要有众多的参与者和得力的组织、领导机构。例如，联合国是世界级组织，它希望与世界各国都取得联系，并通过联系让世界各国在多方面达成共识，求得一致，从而有利于世界的和平与发展。

人类的所有联合始终以欲望的联合为核心内容，理性和情感上的联合总是为欲望的联合做准备、做铺陈。这是人性所决定的。

比起结合、汇合、融合、磨合这四种自主性较强的合欲模式来讲，欲望的撮合、集合、组合、联合这四种模式的客观性要明显得多。所以，在采用这四种形式时，主持合欲的人必须要有相当好的理性和情感素质。

合欲的关键问题是要懂得怎样去合，也就是要掌握合欲的方法。

合欲的方法没有固定不变的，但笼统说来，方法可以分为这样几种，即造势而合、以利而合、据理而合、引情而合、趁机而合、幻意而合、创新而合。

1. 造势合欲

造势是通过精心策划与筹谋，制造契机，开发多方面潜能，利用多方面优越条件而形成一股势力。势力常常是通过具体的权力、财力、环境氛围和活动规模、行为效果等显现出来。产生并使用权力是造势的核心内容。

或趁势而起，或望风而动，或执着不舍，或随波逐流，这些都是人类欲望实施中的常见现象。无论何时何地，有势力就会有追随者。尤其是科学不发达、民主和法制还不健全的时代，势力往往是直接以理性者的身份统治着人们的情感和欲望。例如，在奴隶社会和封建社会，一些统治者总得意于用信奉天命和制造舆论等手段为自己造势；资本主义社会，各行各业中的垄断者都是通过凝合某一特定范围的获利之欲，然后形成一种势力来控制同行或周边人的欲望，再进一步为自己造势。

工商界喜欢用广告造势，文艺界习惯用各种会演、比赛、展览等活动造势，军界看重于用检阅或演习造势，政界倾心于用宣传与运动造势……无论造势的结果会给公众和社会造成什么样的影响，所有的造势者都希望自己的欲望通过造势产生魅力和威胁性，进而对他人的欲望产生合力，最终让自己有众多的追随者、崇拜者。

对造势合欲，人们历来就褒贬不一或持中性态度。正义的造势是顺应自然界和人类社会发展规律行事的，出发点是益于公众，利于社会，所以其结果也当然是有益于大众和全社会的。

2. 以利合欲

以利合欲就是用生存、获取、享受、表现、发展等多方面的实惠来迎合他人的欲望，或令他人的欲望臣服于自己的欲望。笔者不认为在所有人的意识中都会"有奶便称娘"，但"同利者相亲"之类的说法想必大家都会承认。

俗话说"有钱能使鬼推磨"，这个"钱"就是"利"，"使鬼推磨"就是合欲者以利益驱使他人顺从自己的意愿。

"利"来自大自然的提供，也来自人类的各种活动的创造。生产劳动是人类获取物质利益的主要方式。所以，总体说来以利合欲必定会令人们重视大自然，依靠大自然……最终不得不尊重大自然，爱护大自然；以利合欲也必定会促使人们不断地重视生产，发展生产力；以利合欲还必定令人类各方面的活动越来越丰富、精彩和有竞争性。当然，至于腐败式的"以利合欲"，则另作别论。

避开碎金细银和鸡腿鸭掌之类的小利不讲，人们要想得到大一点的、有一定档次的利益，就不得不与人合欲。政治、经济、文化各个领域都是如此。经济领域的各种垄断是最具有代表性的以利合欲模式。就资本垄断而言，卡特尔的销售联合，目的就是提高利润；托拉斯的生产联合，出发点是减少危机风险。

在正常情况下，以利合欲是人人都乐而为之的事。

3. 据理合欲

据理合欲，这是根据人们对大自然和人类社会的认识、了解、研

第十一章 颇具魅力的欲商投入

究而得出的经验和道理使人们在某些欲望上达成一致。据理合欲最重要的就是"理"须是真理,而且是容易让人接受的理。人类历史上为追求真理而竭诚尽智的人有很多,他们所取得的成果为社会的进步提供了巨大的推动力。在这种推动力的作用下,人类不断地拓宽了理性的空间,也提高了对情感予以纯洁和丰富的标准,从而增强了善化及厚实欲望的信心。

20世纪80年代,中国共产党领导全国人民实行以经济建设为中心的改革开放,便是根据中国国情,善于运用辩证唯物主义和历史唯物主义的道理引导国民在经济建设上实行欲望统一、情感融合的一个伟大创举。这种欲望上的全民合作给中国民众带来了前所未有的经济实惠,也给全体公民增添了实现中华民族伟大复兴的信心和勇气。

作为一个国家,先进的科技和教育水平、健全的民主与法治体制才是实行据理合欲的决定性条件。

据理合欲,怕就怕"理"被个人的私欲与私情所代替。这种情况在君主独裁式统治为主的奴隶社会和封建社会往往无法避免,在当今社会也偶有出现。无数事实告诫着人们,以私欲、私情欺骗公理情况下的合欲,其结果是会危害无穷的。"据理"的光明正大与严肃认真是人们实行据理合欲的根本保证。

4. 引情合欲

引情合欲的"引"在这里有三层意思,一是引导,即引领并指导人们为某个目标而行动;二是引动,即引起触动;三是引发,意思是引起与触发。当有求于欲望联合的一方或多方具备了相应的情感并处于心存关注、相互照应的状态时,最先投入表现的是对相关情感进行直接或间接的引导;预计相关情感对彼此欲望的结合并无反感,只是还不十分爽朗,就像"千呼万唤始出来,犹抱琵琶半遮面"那样若隐若现,此时合欲的步骤应是先对相关情感予以引动,再根据具体情况进行引导;由于大势所趋或因为某种特殊原因使某一合欲之事势在必行,而主持合欲者觉得所涉及范围内的欲望——至少是相当部分的欲望还显得十分懒散、杂乱,此时就务必对情感进行强而有序的引发,然后再投入引动与诱导。

请不要把引情合欲只看作男女之间的事。社会上各行各业、随时随地都有引情合欲的存在。

芸芸众生，有的在为引情合欲精心设计，有的在为引情合欲努力实践，也有的在对引情合欲进行观赏、描述。"引"有难易、优劣之分；"情"有真假、好坏之别；"合"有缓急、成败之不同；"欲"也不一定合则兴，不合则亡。现实生活中，该不该合，合到什么程度，还得凭各自用理性做出判断。

5．趁机合欲

趁机合欲也可称为借机合欲，即主张在某一方面实行合欲的倡导者，善于利用某种机会达成合欲。

一般来说，趁机合欲是逢于偶然的多，并且合欲各方有的可能会因为合欲过程的顺利而感到快乐，有的也可能是"明知不是伴，事急也相随"。

《三国演义》中从第四十三回到第四十九回就是着重讲：在曹操领大军百万屯于汉水，事关孙权、刘备两家存亡的紧急关头，诸葛亮代表刘备一方到江东与孙权一方进行合欲抗曹。这个故事可谓较全面地反映出了趁机合欲的个性特征和基本套路。即：趁机合欲的出发点要有利于参与合欲者的切身利益；合欲中各参与方都要懂得适时、适度，而且态度要诚恳，智慧要高超，方法要灵活，功夫要过硬。

趁机合欲还有一种情况是随机而合。生活中有人觉得出门在外，情感随和一点，欲望大众化很有必要；也有人觉得人生就那么几十年，欲望的正当、简洁有利于让自己与外界达成和谐。

无论是趁的方法是全质性的"趁"，还是偏向于"乘"、"借"、"随"等意义上的参酌式的"趁"，趁机合欲的关键问题是要对应于"合"，也就是说形式要为内容服务。如果主持合欲者把"趁"的味道变成了趁人之难、乘人之危，那就完全不能与"合"对口，更谈不上能有合欲过程中的那种"香"。

6. 幻意合欲

幻意合欲是指合欲者幻化出某种意境，用意念让欲望达到和合。幻意而合是一种自我暗示、自我安慰的欲望满足形式，也是一种为把相关人的欲望引入超越现实之境界而营造某种氛围的过程。

相对而言，幻意合欲应有广阔的空间和充足的时间，而且合欲的方法要能依于人情或据于事理。

人的欲望有多个方面，并且所涉及的范围大小不一，表现出的程度也深浅不同，但有一个共同的特点，就是每一个体的欲望都与群体的欲望有着不可分割的联系。也就是说，人类的欲望具有很强的社会性。个体的欲望一般只有在群体存在时才有意义，脱离了群体意识，就无任何价值可言。

"人生不如意事十之八九"，生活实际中的每一种合欲并不都是随人的主观意愿便可以取得成功的。因此，当客观条件无法满足人的合欲愿望时，与其为不能合而烦恼，不如借意境的幻化来实现某种合欲，便成了很多人的一种选择。

唐朝李白的《梦游天姥吟留别》告诉读者，人世间权贵之欲难合，但天姥山神仙之意可逢，因此他呐喊出了"安能摧眉折腰事权贵，使我不得开心颜"的空前绝唱；宋代晏几道《临江仙·梦后楼台高锁》以"落花人独立，微雨燕双飞"这样的千古名句来表现自己的内心，他对现实中的暂不能与旧人共意，而通过梦幻却可与所爱者合欲的情景有着特别的向往、留恋与感叹。这二者都是在用创造意境的方式来满足自己特有的欲望。

人生在世，现实与理想的差别是要通过具体的行为实施才能缩小或改变的。但是，现实与幻想之间的距离完全可以由自己来确定。当人的一些合欲之梦不能在现实中得以实现的时候，只要不对主观和客观造成负面影响，幻意合欲可以说是一种对现实的超越，也是一种精神上的解脱或享受。所以，生活中很多人迷恋于科学幻想，也有很多人用静坐时全心向往美好事物的方法来健身、达意。

7. 创新合欲

笔者在这里讲关于创新合欲有两层意思：一是指针对现有的欲望模式进行改造或更新，从而让欲望更有利于通过对外合作而达到更高档次的满足；二是指在团队之中让欲望的实施富有创造性或让欲望随时都向往美好的未来，使众人之欲合为一体，向着同一目标展开强有力的实施。

创新合欲取决于相应范围内教育和科学水平的先进以及经济实力的厚实、政治制度的优越，还取决于参与者对现实的积极认可和对未来充满向往的热情态度。

阶级社会中，政权是集合民众欲望的最有效的机关，但掌握权力者如果不善于在教育、科学技术和经济建设中开拓进取、锐意创新，不善于让大众在欲望的世界里得到物质文明和精神文明的实惠并保持对未来的美好向往，就很容易令政权丧失生机和活力。

笔者多次讲过，中国现行的改革开放很值得全国人民自豪。改革开放，也是中国历史上前所未有的创新合欲之举。中国人民为了自身的生存和民族的发展非常乐意地接受了政府的改革开放政策，而且在已经走过的路程中表现出了高尚的合欲风格。为改革而实行的合欲之中，大家对生活的小康之路，对祖国的尽快复兴充满了信心。

至于在团队中让欲望的实施富有创意或让欲望随时对自己的目标保持敬仰之情进行合欲的事，我们也举两个例子。

一是在横扫欧洲的辉煌年代里，拿破仑的士兵在战场上表现出的积极态度与无畏精神总令对手瞠目结舌。是什么力量使那些法国农民、鞋匠、城市游民个个在战场上表现得无与伦比，变成了一支令整个欧洲闻之色变的可怕力量？原来，除对作战士兵进行常规性奖励之外，拿破仑还巧妙地激发士兵争当元帅的遐想。他使士兵们坚信，在自己的行军包中，就藏着一柄元帅权杖，只要努力，下一位陆军元帅就会是自己！而且他用已封的26名元帅中有24名出身平民的事实肯定了自己的承诺。

拿破仑的这种创意，确实成了士兵们励志和合欲的灵丹妙药，它让拿破仑和他的士兵征服了大半个欧洲。

二是据唐浩明的长篇历史小说《曾国藩》第一部《血祭》中第七章讲，由于湘勇攻克了武昌和汉阳，湘勇的大小头目都升了官。这时曾国藩，想湘勇官兵打仗立了功，可以按朝廷规定升官晋级，这是出自天恩，也是惯例，但在此基础上还要有新意，还必须用一种方式来表达他个人对部属的奖励和赏识。用什么方式呢？曾国藩想了很多，最终想出了一个赠腰刀的主意。他认为以个人的名义赠送一把腰刀，不论是对文职还是武职，都既表达自己与对方的特殊感情，还可鼓励湘勇的尚武精神。他还意识到第一批受刀者人数要少，仪式要安排得非常隆重，使他们感到无上的光荣，而这把亲赠的腰刀，今后要成为湘勇官兵人人企望的最高奖赏。实践证明，曾国藩这种创新之举在鼓舞湘勇士气和凝合湘勇团体之欲望和激励将领们取胜获功之志向上产生了奇妙的效果。仔细品味曾国藩的这种创新合欲，我们不难发现，这当中包含前面所提到的各种合欲方式的味道，即造势、以利、据理、引情、趁机、幻意、创新七味同俱。

创新合欲还有一种特殊模式，其合欲效果大多令人吃惊。只不过，我们中国人以前用得很少。那是一种什么模式呢？我们姑且称其为跨外式合欲。具体说来，就是凭着自己多方面的优势，将自己的实力对外分流，然后通过内外呼应产生一种超出老本位观念的合力。

跨外式的合欲从资本主义社会开始盛行。发达的资本主义国家凭着科学技术的优势，利用资本做自己欲望的媒介或载体，不择手段、无休止地向外扩张自己的欲望势力。他们内外呼应，相互得益。而对应之中，许多被发达国家的跨外式合欲伤害的弱小之国，不但不能用同一种手段牵引与聚合自己国民的欲望，反倒只能忍气吞声地让利益之"香"外流，任受害之"臭"内居。

当今社会，跨外式的合欲正在不断地变换模式。有志者要在警惕别人的同时也注意锻炼自己。

针对"合欲者香"。笔者已对"合"的形式和方法做了一些介绍，但实际生活中可能还有很多更实用又更富技巧的形式与方法。

至于"香"的意思，本章未做全面解释，因为无论是在欲望上，还是在情感或理性上，人们对"香"都会有多重性的领会，特别是随着时间或空间上的推移更是如此。总之，香不香，是久香还是暂香，香会不会变味等都得看"合"者的欲商。

第十二章 提高中华民族欲商的当务之急

全体公民的欲商就是民族的欲商，新时代的人民幸福和国家富强，都必须有新时代全民族的高欲商做保障。

为了中华民族的伟大复兴，我们中华儿女必须在理性上统一认识，在情感上产生共鸣，在欲望上凝聚动力，团结一致，多做有利于提高国民欲商的事。

对国民欲商有利的事当然很多，最急需做好的应该包括这样几件事：一是正视国耻，反省自我；二是借鉴历史，厉行法治；三是清除弊端，振兴教育。如果我们有了这样的前奏，再精神抖擞地投入民族复兴的各项具体事务之中，那么全国人民在实现"中国梦"的过程中就能智慧更闪亮、勇气更非凡、信心更充足、热情更饱满、思路更清晰、目标更明确、方法更科学、措施更有力，取得的胜利也会一个比一个更伟大。

第一节 正视国耻 反省自我

中国是世界上四大文明古国之一，可也是世界近代史上备受列强疯狂侵略和残酷压榨的国家之一。

从1840年鸦片战争开始到1945年抗日战争结束，这一百余年是中华民族生存历史上最困厄、最危险的时期。

1840年至1901年期间，世界列强先后对中国发动了五次侵略战争。这五次侵略战争分别是1840年至1842年的鸦片战争，1856年至1860年的第二次鸦片战争，1883年至1885年的中法战争，1894年至1895年的中日甲午战争，1900年至1901年的八国联军侵略中国的战争。在五次反侵略的战争中，虽然中华民族也曾涌现出大批爱国志士和无数抗战英雄,但每次都因国家实力不足和统治阶级的意志软弱而以失败告终。那一次又一次的失败不断地把中华民族推向苦难的深渊。

陷入半封建半殖民地社会的中国人民,戴上种种不平等条约的枷锁,深受帝国主义、封建主义、官僚资本主义三座大山的压迫,一百余年生活在水深火热之中。在那苦难的日子里,中国人欲望和情感的处境就像是一只小山羊遇上了一群凶恶的狼。

更不幸的是,1931年日本帝国主义为了把中国变为其独占的殖民地,发动"九一八事变",强占东北,继而逐步侵入华北。1937年7月7日日本人又发动卢沟桥事变,对中国实行全面侵略。十几年间,日本侵略者在中国施行的暴行举世皆惊。这又给中国人民的情感和欲望造成了累累的伤痕与凄苦。

横跨两个世纪,共计一百余年的国运磨难、民族危机,令整个中华民族压力沉重、灾难频仍。面对中国近代的苦难史、悲惨史,笔者在想起梁启超先生说过的"少年强则国强"时,情不自禁地要做个补充,即"民族欲商高则国家的国际地位高"。

世界上最先由原始社会进入奴隶社会的国家,有埃及、古巴比伦、古印度和中国,史称"四大文明古国"。这四个亚非古国是世界文明的摇篮。可值得注意的是,这四个文明古国并没有一直引领世界文明的发展。为什么会这样?这也许是客观存在中的偶然现象,但更是人性自我发展中的必然现象。

有志气的中国人,不主张因历史上的生存磨难而推卸自己现在应该让欲望达到新时代健康水平的责任,更不主张因为现实中的某些不合理就忽视或放弃为达到高水平的欲商而努力。如果对现在欲望健康的标准还不能理解或没有定准,那就多学习邓小平理论,深刻领会"三个代表"重要思想和"科学发展观",弄清什么是"中国梦",并设计自己怎样为实现"中国梦"出力。做好了这些,欲商就会有新的起色。

面对长时间因被侵略、受折磨而蒙受耻辱的历史,有志气的中国人在痛心疾首的同时也一定会深刻认识到,"贪婪才是中国最大的内奸",落后才是中华民族的死敌。同时,我们也应静心细想,作为一个有五千年文明史的民族,是什么原因造成了近代史上的那种落后、那般挨打?中华民族应怎样尽快摆脱落后,达到复兴?

中国落后和挨打的原因是多方面的。这里我们谈谈如下两个方面:一是经济落后,二是海权意识淡薄。

本书中笔者分析过资本主义社会中欲望与经济的关系。资本对人们欲望的刺激作用非一般资源能量可比。资本主义社会中,虽然人们的欲望在赤裸裸的金钱关系面前一切都暴露无遗,但其教育的日益兴起、科学的不断发展也让人们的情感和理性面貌产生日新月异的变化。

当西方国家正先后进行资产阶级革命和工业革命、生产力迅速发展、资本极速积累之时,清政府却闭关锁国,未能适时地向西方学习先进的科学知识和生产技术,使中国的经济逐渐落后。在落后时,中国首先得到的就是挨打,被侵略,然后再逐步沦为半殖民地。

谈到海权意识淡薄的问题,我们首先应该承认,中国本来是个航海业起步较早的国家,春秋时就曾远航朝鲜和日本;两汉时开辟"海上丝绸之路",海船到达印度斯里兰卡;北宋开始将指南针运用于海上导航;元代制造四桅远洋海船;明代郑和七下西洋,远至东非,明朝政府还对日本倭寇进行了多次打击,将其清除。然而,可能一方面是因为贯来的军事传统理念是"长城式"的——冷兵器、蛮法子、老套路、旧招式、战场主要是在陆地上,另一方面就是中国境内长时间的封建集权令统治者盲目自大。这使得我国的封建统治者在海权意识上总是麻木不仁。例如,清朝统治者对重视海权、发展科学等似乎感到是一种多余,甚至还觉得有碍于他们的集权稳定。即使是被称为盛世的乾隆年间,清朝最高统治层也无视外国的航海科学技术发展,而且对国内造船业的技术创新也强加阻止。例如,乾隆十二年(1747),清廷下了一条禁令,禁止福建的工匠建造一种"桅高篷大,利于走风"的新船,理由是它速度太快,不利于水师稽查管理。就因为这些，结果令中国海权弱小，航海业不断地走下坡路。

对海权缺乏认识，使中国封建统治者忽视了如下重要的社会现象：濒海民族的经济兴盛程度，乃至整个文明发达程度，一般都要超过内陆民族；就是在同一个国家内，沿海地区的经济发展一般也要超过内陆地区。世界历史在不断地证明：人们生存位置距海洋的远近与其文明程度之间明显存在着一种正比例关系。也就是说，人们欲商的优秀、情感的丰富、理性的崇高无不与对海洋的接触有着一种正比例关系。

面对遭磨难、受耻辱的历史，中华儿女个个都有责任自我反省，找出自己欲商方面的不利因素。着眼现实，中华儿女人人都有义务创造有利于民族复兴的条件。大家都有责任重视自我和全民族的智商、情商、欲商等多方面素质的提高。

第二节　借鉴历史　厉行法治

中国历史上大大小小的改革不计其数，其中取得过成功的确有不少。例如，齐桓公利用管仲实行的经济改革，赵武灵王的军事改革，隋文帝杨坚的人事制度改革，康熙皇帝的土地制度改革，这些改革都曾给当时的老百姓带来了好处，同时也很有历史意义。

相比之下，改革失败的情况也很多，而且那种失败让不少勇于推行和热情投入改革的人受到过莫大的打击，给整个中国社会造成过很多的不利影响。其恐怖的阴影长期妨碍着中国社会的进步。

据《史记·孙子吴起列传》讲，公元前382年，吴起在楚国推行法治，主张"废公族"和"明法审会"，凡是分封已传三代以上的贵族统统取消爵禄。他还贯彻李悝提出的"食有劳"、"禄有功"的原则，精简一批不必要的官吏；对于破坏国家法令者，不论亲疏贵贱都要按法惩罚。

由于吴起的变法沉重地打击了旧贵族，因而激起了他们的疯狂反扑。楚悼王一死，以宗室大臣为首的复辟势力起来反攻倒算，用乱箭把吴起射死了。可见，在人民没有掌握真实权力的社会中，当法治挑战统治阶层私欲的时候，法治特别是全面负责主持立法和司法者的结局是何等的悲惨。

商鞅是战国初期法家最杰出的代表。他辞掉魏惠王给的小官职，慕名跑到秦国，得到秦孝公的赏识后，分别在秦孝公六年和十二年实行了两次变法。内容包括编定户籍，实行"连坐"；奖军功，禁私斗；奖耕织，鼓励发展农业，增加人口，轻罪重罚；实行郡县制，把权力集中到中央；承认土地私有，鼓励开荒；统一度量衡，以便加强统一管理、集中财富。在这些变法措施中，有两条极其重要。一是军功无等级，以利于秦国军队的战斗力大大增强；二是承认土地私有，以促进秦国的经济尽快发展。商鞅变法后的秦国，迅速成为诸侯国中最强大的国家之一。由于让秦国很快走向富强的商鞅变法免不了伤害贵族们的既得利益,并妨碍他们贪欲的进一步膨胀和满足。特别是军功无等级和土地私有,从开始就引起贵族们的强烈反对。虽然碍于秦孝公的支持,他们暂不敢对商鞅怎么样,但秦孝公死后,秦惠文王即位,旧贵族势力就诬告商鞅谋反。秦惠文王下令逮捕他。商鞅最终遭受的刑罚是"车裂"。商鞅的悲惨结局给中国人的法治意识添加了难以形容的恐怖。人们也因此而深刻认识到,封建制度下的改革与法治是多么容易受到少数人欲望和情感的破坏。

在宋神宗熙宁年间,被列宁称为中国 11 世纪改革家的王安石提出并推行了一些变法措施。他的变法反映了地主阶级内部中小地主和大地主之间兼并与反兼并的欲望对抗,也是当时封建统治阶级中一场革新派和守旧势力的斗争,故而遭到大官僚、大地主阶级顽固派的极力反对。这种反对与被反对还导致新法的实施与否完全成了党派权力之争的借口和由头。最后,在守旧势力的百般刁难和众多势利小人的投机钻营中,新法还是完全被废除。主持变法的王安石的人生结局虽然比吴起、商鞅等人要幸运得多,但当时的被迫退隐以及时人对他的白眼和后世对他的颇有微词,还是又一次给中国法治观念的形成留下了阴影。历史事实可以充分证明,封建社会中的立法与司法有些时候虽然出发点是好的,但因民主意识淡薄而很难服众。

"百日维新"(又称"戊戌变法")这场发生于清朝末年的变革,其惨痛结局给中国社会留下的法治欲望上的打击可以说是超历史的。这当中的大体情况想必大家都有所了解,所以我们这里就不多叙述。"戊戌变法"的失败告诉人们:没有适合国情的体制,就别想有利国利民的维新。

除已经提到的教训之外,笔者认为还有三个重要原因也严重影响着中国历史上的改革和进步。一是历史上的文化弊端。这里所说的文化弊端主要表现在三个方面,首先是中国人不重视公共的欲望与情感空间,更不重视欲望与情感在空间上的结合,所以即使是有品位的读书人,也很难做到像大哲学家康德说的,知识分子的崇高责任就是"敢于在一切公共空间运用理性"。再就是中国各朝代的统治者大多封建意识太重,而且死要面子。例如,清朝道光年间林则徐禁鸦片,抗击英国侵略者,对此大家都评价很高。但是,当他一边抗击外国侵略者,一边主张了解外国学习外国的东西时,清廷诸多官僚就不以为然,甚至声讨林则徐,认为林则徐想用外国的东西来改变中国,就是破坏中国文化安全。还有,封建社会中的统治者,包括一部分平民百姓,总习惯于认情感不认理性,总喜欢用情感包装欲望,而不愿用最具理性特征的法律来约束欲望、驾驭欲望。这种情况正如中国武侠小说所刻画的:"'好汉'总是在挑战法律,'江湖'总是远离法律,'良民'总是拦轿告状,'清官'总是先斩后奏……总之,在中国文化中,官僚意识总是逍遥于法律之上,民间灵魂大多栖息在法制之外。"

封建社会中,这些文化上的弊端令中国人深受其害。如此情况之下,欲商当然好比是枯枝败叶或显得老态龙钟。

封建社会,法治上给后世留下恐怖的第二个主要原因就是中国封建社会的人大多缺乏妥协精神,而变革与法治恰恰少不得妥协。大家都清楚,英国光荣革命的成功得益于妥协,美国第一部宪法的产生也是取决于多方面的妥协。然而在中国,也正如有的学者所说:"历史上大的改革有十几次,大的改朝换代也有十几次;十几次的改革大都失败了,十几次的改朝换代却都获得成功。也就是说,在中国封建社会人们创建新制度往往比推翻旧朝代还难。"

妥协是理性得以发挥的一种表现。既然在同一时空内人们的欲望与欲望、情感与情感相互产生冲突时谁也不愿妥协,那么对抗理性的一方不是被推翻,就是会更猖狂地给弱者甚至全社会制造恐怖。

让恐怖产生的第三个主要原因是,为了满足自己的腐朽生活,统治阶级中的代表人物遂顽固守旧并针对变革疯狂地制造恐怖。如清朝末年的慈禧太后就是这方面的典型人物。

中国封建社会因法治失败而留下的恐怖,长时间威胁着民众实现祖国富强、民族兴旺的正当欲望,严重影响了当时和后来中国人欲望的健康,给中国多方面的利益造成了不可估量的损失。但是,辩证地分析，那一次次法治改革的失败，不唯独是守旧势力的强力反对和残酷镇压所致。倡导变法和主持法治者本身的底气不足却又固执己见，以及因为变法多是在旧制度积弊很深的时候才开始，这样必定会严重影响一部分人的既得利益，再加上变法的深入又很容易导致某些急功近利、情感淡薄、一意孤行等极端行为的出现，这些都是产生恐怖的重要原因之一。

其实，即使是专制时代的变革，只要其不违背社会发展的基本规律，同时对国家富强、社会进步有一定的积极意义，而且有稳定的权力做靠山，也可以杜绝恐怖的发生。变革中只要是潜移默化地用理性将各阶层人士的情感和欲望进行梳理与融合，让大家在利益上洞察现实，放眼长远，就会容易被人理解和接受。

中国历史上因变法而留下的恐怖，严重地损害了国民的欲商，令国民长时间看不到法治之下社会和谐、人们生活幸福美好的现实，致使很大一部分人的欲望经常处于病态或亚病状态之中。

作为一个国家，只要敢于面对现实，并在树立信心、鼓足勇气、抱定智慧的前提下投入改革，那么不仅改革会顺利进行，而且人的欲望也会因改革的胜利而获得满足。同时，欲商的提高又会把改革不断地推向前进。

当今中国社会三十余年的改革开放之所以能取得非凡的成就，其主要原因就是无论改革的总体目标还是具体方案和实施都从情感与理性双方面开启并迎合了全国人民的正当欲望（理想）。这现有的成就还仅仅是实现"中国梦"的基础，为了"中国梦"的实现，我们的任务还很艰巨，因此，我们要让全民族有更高的智商、情商、欲商。

笔者认为，国家厉行民主前提下的法治，就是对整个国民欲商的精心耕耘。

试想，我们中国人无论智商还是情商，在世界上都称得上是一流水平的，可是为什么我们的国家在科技、教育等多个领域现在还比不上发达国家呢？笔者认为，这与我们国家历史上缺失法治有很大的关系。我们应当坚信，只要国家厉行法治，我们全体公民的欲商就会大有改观。在人们的理念中，民主制度下的法治就是国民光大理性、练达情感、规范欲望的实践；社会主义的核心价值观、国民的整体素质都会在国家厉行法治的过程中不断增强。

厉行法治不是喊喊口号就成的事，而是动真格、见实效的国策。我们的党和政府已在这方面向全国人民发出了号召，而且出台了一整套的方案。我们坚信，中国的法治一定会与时俱进，成就非凡。

站在理性的角度去分析历史，我们不难发现，在中国社会的发展史上，关键时刻起重要推动作用的都是法治。所以，封建社会政治领域中的建功立业者，大都重视"创业以法为本，守成则以儒为要"。

当今社会，我们中国人要精于守成，更要勇于创新。所以，我们在厉行法治的同时，还要重视吸取传统文化中的精华。理性与情感并重、法治和德教同行，广大人民群众的欲商必将大有提高。

第三节　清除弊端　振兴教育

国际国内都有人认为，中国近代历史上综合国力衰退的主要原因之一，就是教育与科学技术的落后。确实如此，中国进入封建社会后，特别是从宋朝开始，教育完全僵化在一种无视科学（特别是自然科学）的科举取士制度之中。教育内容的枯燥、环节的含混、方法的呆板，曾把无数学子折腾得苦不堪言，还让许多人成为四体不勤、五谷不分的书呆子。这样的教育培养出来的人，对解放和发展生产力、推动社会进步的作用很小。

宋朝的统治者对"理学"的本义进行歪曲与创改后，大张旗鼓地施行以"存天理，灭人欲"为宗旨的教育，其结果越是盲目地存"天理"，天理离人心却越远；越是蛮横地灭"人欲"，人的欲望却越趋于野性。

明朝内阁首辅张居正凭着他执政方面的优秀，曾经亲自担任过小万历皇帝的教师，对小皇帝进行极为"全面"和严格的教育。整个教育过程中，张居正对小皇帝可谓是诚无不周、恳无不至、教无不细、禁无不严。可结果是，小皇帝登基后只顾玩耍、不理朝政，创下了中国乃至世界历史上封建帝王二十多年不上朝理政的记录。这给明朝的统治埋下了致命的隐患。

清朝后期的统治者闭关自守，对教育毫无发展眼光，自以为常读"四书五经"就可以傲视天下。结果遭外国人用鸦片烟一熏、大炮一轰，最高统治阶层就被弄得灰头土脸，最终丧权辱国。

相对当今社会的教育而言，上述三个历史朝代中的教育都有过严重的弊端！其中，宋朝的例子代表着教育理念上的弊端，明朝的例子代表着教育方法上的弊端，清朝的例子则代表着不重视教育内容扩大和不懂得教育模式创新方面的弊端。这些弊端的存在，令教育无法顺应人们的欲望规律行事。因此，培养不出有利于国家长远发展的人才。

第十二章 提高中华民族欲商的当务之急

从理性上讲，宋朝统治者提出的旨在"存天理，灭人欲"的教育，是一种以扭曲人性为代价来服务统治阶级的教育。就算是"存天理，灭人欲"的解释是"让人理解和接受真理，从而节制自己的欲望"，可是在等级森严、毫无法治观念更不重视科学真理的封建社会，这种口号无论出自何人之口，都难免有欲望上诈唬别人进而掩饰自己之嫌。所以，这种与大众欲望不默契，甚至水火不相容的教育，很难取得认可和发展，甚至造成了教育的混乱与倒退。

至于明朝张居正教小皇帝这种典型的封建式教育，败就败在教育者所施行的教育是以压抑甚至是牺牲受教育者对亲情的伴随欲、对世事的好奇欲、对活动的向往欲、对欢悦的依恋欲、对爱好的选择欲、对想象和创造的追求欲为代价的。这样的教育无法孕育出人的聪明和仁爱、信仰与勇气，更谈不上能令受教育者有治国平天下之才。特别是，对于小皇帝而言，他学好了是皇帝，没学好也是皇帝。他不必像百姓那样为求功名利禄而寒窗苦读，他还会怕张居正？所以张居正死后，尸骨未寒，这位"学生"就抄了他的家，废了他的爵。这便是教育不顺人欲望的苦果！

清朝也是一样，办教育的目的无非就是教人听话，强调老百姓在家要"孝"，居国要"忠"，至于科学技术之类，统治阶级根本就不会去考虑。1792年乾隆皇帝在接见英国马戛尔尼率领的由科学家、作家、医官等90人组成的访问团时，对自己沉迷于"天朝物产丰盈、无所不有"的神气毫无收敛，竟然把英国人带来的最新发明的蒸汽机、棉纺机、梳理机、织布机、当时英国最大的"君主号"战舰模型看成是奇技淫巧。主政之久、寿命之长等多个方面都堪称中国千古一帝的乾隆皇帝对待教育与科技的态度尚且如此，这当然会影响全国。因此，当西方国家的教育全力激活人的欲望并鼓励人们积累知识、投入兴趣、展开想象、大胆创新的时候，中国教育却总是老样子，只是一味地背诵"四书五经"，撰写"八股文"，半点不考虑教育内容的增加和教育模式的创新。

历史告诉人们，没有教育的诱导和培养，人的欲望就会平庸而不重视理性上的作为。或者说，教育不与欲望对口协调，就不但无益于欲商的提高，而且还会有害于人们的正当欲望，甚至令欲望失去人性的本真。所以，如果个体要得到满意的成长和发展，就必须先从接受良好的教育开始；如果群体要兴旺，就必须有公众认可的教育为基础；如果国家要强大，就必须有发达的教育做活力、当后盾。这里所指的良好的教育、公众认可的教育、发达的教育，最起码应该都是重视人的欲望、情感和理性的教育。倘若教育不能适应个体的正当欲望，个体就缺乏生机甚至产生异变；教育不能对应群体之欲望，群体就会懒散或是愚昧；教育不能服务国家之欲望，国家就会贫穷和落后。

另外，正如马卡连柯所说："所有教育上的失败，也许可以归纳到一个公式：'培养贪欲'。"确实，"培养贪欲"也是我国封建教育的主要弊端之一。"书中自有黄金屋，书中自有颜如玉"概括了封建社会许多读书人的目的和追求。小说及电视剧《红楼梦》中就刻画过这方面的形象。

中国现行的教育也有许多急需改进的地方：一是教育（尤其是基础教育）理性的空间还有待进一步拓宽。也就是说，在教育理念上要清除那种把学生在学校学习的主要任务看成是对书本知识进行死记硬背的旧观念。杜绝"面子"教育、"君子教育"现象的残存或死灰复燃。"面子"教育的突出特点就是把考分当智能，以文凭代素质；"君子教育"的主要表现是"动口不动手"。同时，针对广大中小学生因在学校要听从老师安排而做应试的"工具"，在家要听从长辈指挥而做争光的"武器"，从而弄得自主活动时间很少等多种弊端，对教育观念、教学模式等都要进行更深层次的改革。

我国著名科学家钱学森临终时曾留下过"为什么我们的学校总是培养不出杰出人才"的疑问。有教育专家认为这个震惊中外的"钱学森之问"，既表达了钱老对祖国复兴的强烈愿望，也流露出钱老对现行教育体制中某些弊端的质疑。可不是吗？站在教育角度上讲，我们中国人长期因为欲望理性化程度的落后，所以总是误解了财富。在培根的"知识就是力量"的理念传入之前,我们中国人从来就没有把读书看成是为创造物质财富做准备的观念和意识。封建社会中,中国人读书不求有什么生产财富和创造技术的能力。统治阶级重视教育的目的,主要是为维护其统治而培养"忠臣"与"良民";中国老百姓之所以重视读书主要是为了攀上封建仕途、光耀自我门庭。面对世界先进的科学技术,中国封建统治者不但不能放开眼界、师人之长,反倒担心科学技术的进步会动摇自己的统治。对比同时期某些做官者的那种盲目得意神情,中国封建社会致力科技研究的仁人志士却备受压抑和捉弄。在封建社会,人们根深蒂固的财富观就是先取得权力,再用权力去捞取物质财富。新中国成立之前,就是那种无视理性的欲望,那种盲从于低俗和狭隘欲望的教育,阻碍着中国人才的培养和成长,导致中国社会的长期落后。

在社会主义社会,教育的本质意义不外乎是使受教育者在享有人性祥和的基础上达到智慧高超、能力过硬、勇于创造、乐于担当的成才境界,进而为社会的物质文明和精神文明建设奉献自己的光与热。

找出教育中的弊端不难,彻底消除弊端却非同一般,要真正振兴教育更是很不容易的事。

现在,我们国家正在进行一系列更深层次的教育改革,但愿祖国教育得以振兴的凯歌响遍大江南北、长城内外。

参考文献

[1] 白乐天,李凤飞. 世界全史 [M]. 北京:光明日报出版社,2001.

[2] 王同勋,等. 社会发展简史 [M]. 北京:人民出版社,1980.

[3] 方洲. 青年必读书手册 [M]. 北京:中国青年出版社,1998.

[4] 孔子门人. 论语 [M]. 程昌明,译注. 沈阳:辽宁民族出版社,1996.

[5] 丹明子. 道德经的智慧 [M]. 呼和浩特:内蒙古大学出版社,2004.

[6] 蒙培元. 情感与理性 [M]. 北京:中国人民大学出版社,2009.

[7] 霍存福. 权力场:中国人的政治智慧 [M]. 2版. 沈阳:辽宁人民出版社,1995.

[8] 石国兴,白晋荣. 每天学点教育心理学 [M]. 重庆:西南师范大学出版社,2009.

[9] 郑希付,陈娉美. 普通心理学 [M]. 长沙:中南工业大学出版社,1997.

[10] 冯绍群. 行为心理学 [M]. 广州:广东旅游出版社,2008.

[11] 罗斌. 西方哲学史 [M]. 北京:北京燕山出版社,2011.

[12] (德) 马克思,恩格斯. 共产党宣言 [M]. 北京:人民出版社,1970.

[13] (英) 大卫·休谟. 人性论 [M]. 贾广来,译. 合肥:安徽人民出版社,2012.

[14] (德) 恩斯特·卡西尔. 人论 [M]. 李琛,译. 北京:光明日报出版社,2009.

[15] (德) 韦伯. 经济与社会 [M]. 杭聪,译. 北京:北京出版社,2008.

[16]（英）培根. 培根论人生[M]. 龙婧，译. 哈尔滨：哈尔滨出版社，2004.

[17]郭建模，王智钧. 精神文明大典[M]. 北京：华夏出版社，1995.

[18]（美）丹尼尔·戈尔曼. 情商——为什么情商比智商更重要[M]. 杨春晓，译. 北京：中信出版社，2010.